CHANZAXING TANJI CUIHUAJI SHEJI JI JILI

掺杂型碳基催化剂设计及机理

杨思伟 著

U0388118

化学工业出版社

·北京·

内容简介

本专著深入探讨了催化在能源、环境、化学工业等多个领域的关键作用，并强调了开发高效、低成本催化剂的紧迫性。当前，贵金属催化剂在氧还原、氧析出和 CO 氧化等反应中占据主导地位，但成本高、稀缺性等问题限制了其大规模应用。因此，本专著着重介绍了通过密度泛函理论计算研究的四类新型掺杂型碳基催化剂，详细探讨了其活性位点、吸附行为和反应机理，并揭示了它们在催化常见反应中的高效性能。这一研究不仅丰富了碳基催化剂的理论体系，也为实验研究和工业应用提供了宝贵参考，有望推动碳基催化剂在能源转换和化学反应中的广泛应用，助力可持续发展和环境保护。

图书在版编目（CIP）数据

掺杂型碳基催化剂设计及机理 / 杨思伟著. -- 北京：
化学工业出版社，2025. 1. -- ISBN 978-7-122-46756-0

Ⅰ. TQ426.7

中国国家版本馆 CIP 数据核字第 2024UL2447 号

责任编辑：严春晖　金林茹　　　　　　装帧设计：王晓宇
责任校对：王鹏飞

出版发行：化学工业出版社
　　　　　（北京市东城区青年湖南街 13 号　邮政编码 100011）
印　　装：北京天宇星印刷厂
710mm×1000mm　1/16　印张 10　字数 150 千字
2025 年 3 月北京第 1 版第 1 次印刷

购书咨询：010-64518888　　　　　　售后服务：010-64518899
网　　址：http://www.cip.com.cn
凡购买本书，如有缺损质量问题，本社销售中心负责调换。

定　　价：98.00 元　　　　　　　　　　版权所有　违者必究

催化作为一个重要的科学领域，在能源、环境、化学工业、健康和制药等方面发挥着不可或缺的作用。开发更好的催化系统对于满足当代社会需求至关重要，此类催化剂是促进可持续发展和化学合成进步的主要因素。常见的氧还原反应、氧析出反应、CO 氧化反应目前大都依赖贵金属铂及贵金属氧化物如氧化钌和氧化铱作为催化剂。这些催化剂在催化活性、稳定性、选择性等方面还存在许多的不足。其中催化剂的高成本以及稀缺性是制约其大规模商业应用的重要因素。因此开发出低成本高性能的催化剂来代替它们满足当代社会的需求，是催化研究的重点。近年来，随着密度泛函理论（DFT）计算方法的不断发展，我们能够更加深入地理解和设计碳基催化剂的催化机理和性能。

本专著主要介绍了通过理论计算研究的四类结构新颖的掺杂型碳基催化剂的潜在应用，对它们的活性位点、吸附行为、反应机理等进行了探索，发现了它们能高效催化各类常见反应，例如氧还原反应、氧析出反应和 CO 氧化反应，这对于设计和开发新颖高效的催化剂和实验研究具有重要的理论和实践意义。

本专著的研究成果不仅丰富了掺杂型碳基催化剂的理论体系，还为实验研究和工业应用提供了重要的参考依据。我们期待这些研究成果能够推动碳基催化剂在能源转换和化学反应领域获得更广泛的应用，为实现可持续发展和环境保护贡献力量。

本专著得到山西省高等学校科技创新项目（项目号：2023L417）的资助，在此表示感谢！也感谢山西工程科技职业大学的鼎力支持！

掺杂型碳基催化剂研究领域相当宽广，新的理论和实验成果层出不穷，本专著仅介绍了其中部分内容，可谓是"管中窥豹，可见一斑"。由于作者水平和时间所限，书中难免有不妥及疏漏之处，敬请专家、学术同行和读者朋友批评指正。

杨思伟

山西工程科技职业大学

目录
CONENTS

第 5 章 过渡金属 M 和 N 共掺杂空位富勒烯 (M -N$_4$-C$_{64}$, M= Fe、Co 或 Ni) 用于氧还原反应的理论研究

第 6 章 铁原子掺杂石墨氮碳化物作为氧还原电催化剂的理论研究

第 1 章

绪论

1.1　引言

催化是一个重要的科学领域，不同的催化反应可应用到不同的领域，包括能源、环境、化学工业、健康和制药[1,2]。催化剂可以使目标产物以高产的方式有效进行，而不会产生不需要的副产物[3]。早在公元前，中国便已使用酒曲酿酒，其实质就是利用酒曲中所含的酶制剂（生物酶催化剂）将谷物原料糖化发酵成酒[4]。18 世纪中叶，英国化学家 Roebuck[5] 以二氧化氮作为催化剂制取硫酸，该制作方法称为"铅室法"，是催化剂在工业中应用的开端。1835 年，瑞典化学家 Berzelius[6] 首先将"催化"这一名词引入到化学学科中。1909 年，Ostwald[7] 因对催化作用的研究被授予诺贝尔化学奖，他将催化定义为加速化学反应而不影响化学平衡的作用，被人们认为是第一个了解催化反应本质的科学家。1918 年，德国物理化学家 Haber[8] 被授予诺贝尔化学奖，其主要贡献是实现了合成氨的大规模生产，是催化工艺发展史上的里程碑式人物。20 世纪以来，催化工艺开始快速发展，例如，20 世纪 20 年代德国化学家 Fischer 和 Tropsch 用铁系催化剂在适当反应条件下，成功将一氧化碳和氢气转化为汽油等以石蜡烃为主的液体燃料，该工艺过程称为"费-托法"[9]；20 世纪 50 年代成功研究出齐格勒-纳塔（Ziegler-Natta）催化剂，用于烯烃定向聚合[10]；现代化学工业和炼油工业的生产过程，超过 80% 的化学产品都涉及催化反应[11,12]。因此，开发更好的催化系统对于满足当代社会需求至关重要，此类催化剂是促进可持续性和化学合成进步的主要因素。

常见的氧还原反应（ORR）、氧析出反应（OER）、CO 氧化反应（COOR）目前大都依赖贵金属铂（Pt）及贵金属氧化物如氧化钌和氧化铱（RuO_2、IrO_2）作为催化剂[13-15]。这些催化剂在催化活性、稳定性、选择性等方面还存在许多的不足，其中催化剂的高成本以及稀缺性是制约其大规模商业应用的重要因素。

鉴于此，多种先进材料被报道应用于各类催化和可持续应用中，包括混合金属氧化物[16]、磁性纳米复合材料[17]、核壳纳米催化剂[18]、集成纳米催化剂[19]、沸石[20]、金属-有机框架（MOF）[21]、共价有机框架（COF）[22]和碳基纳米催化剂[23]。值得注意的是，碳基材料是一个庞大的材料家族，在过去的十年中，由于具有卓越的化学和机械可靠性、可调节的表面性质、良好的导电性和导热性、易于处理及生产成本低等特点，它们被作为重要且常见的催化剂或催化剂载体并进行了相关研究[24,25]。目前碳基材料的研究热点主要集中在富勒烯、石墨烯、石墨氮碳化物（g-C₃N₄）、碳纳米管、石墨炔以及石墨等材料上。图 1.1 为碳基纳米材料结构图。

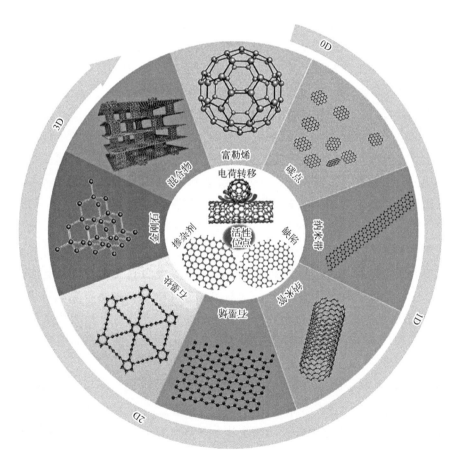

图 1.1　碳基纳米材料结构图[24]

为了进一步提高催化活性，掺杂是调节碳基材料内在性质的有效方法，将 N、B、P、Fe、Co、Ni 等掺杂原子引入到碳基材料中，掺杂原子与碳原子的尺度和电负性差异会改变相邻碳的电子构型，进而调整其物理和化学性质，达到改进碳基材料催化性能的目的[26]。根据引入碳基材料上的掺杂原子的种类和数目，掺杂型碳基催化剂分为非金属单原子掺杂型、金属单原子掺杂型、金属-非金属原子共掺杂型、非金属多原子共掺杂型和金属多原子共掺杂型等类别，本书只侧重于前三种掺杂型碳基催化剂的研究。

① 非金属单原子掺杂型碳基催化剂　2009 年，N 掺杂的碳纳米管[27] 被发现是一种有效的掺杂型碳基催化剂，可用于燃料电池中的 ORR，这是将氢能转化为清洁电力的最有前途的可再生能源技术之一。这项开创性的工作颠覆了对于催化 ORR 贵金属（如 Pt）是必需的这一传统观念。从那时起，掺杂型碳基催化剂成为各领域科学家们关注的热点，并由此掀起对一系列的掺杂型碳基催化剂的研究热潮[28,29]。

② 金属单原子掺杂型碳基催化剂　2011 年，单原子催化[30] 概念的提出使在亚埃级原子尺度上阐明催化剂的构效关系成为现实，这是人类对催化剂认识的又一个新飞跃，开创了催化剂研究的新时期。金属单原子掺入到合适的碳基载体，这无疑有助于在催化方面实现更好的稳定性与活性[31]。已经有研究表明金属单原子掺入到原始石墨烯和碳纳米管上的结合能明显低于掺入石墨氮碳化物上计算的结合能[32]。为了更好地掺入金属单原子，在原始碳材料如石墨烯、碳纳米管上引入规则空位是有必要的，这在实验中具有挑战性[33]。而石墨氮碳化物是一种易于合成且成本低廉的新型 N 掺杂碳基材料，具有均匀分布的天然空腔，可提供丰富的 N 配体和孤电子对用来捕获金属原子，在催化领域受到了研究人员的广泛关注[34,35]。

③ 金属-非金属原子共掺杂型碳基催化剂　非金属与金属原子结合修饰碳材料是目前制造高效催化剂的最常见方法，其中 N 原子的电负性较高并且与 C 原子的尺寸相似，这使其在调节材料电子和吸附性方面发挥着关键作用[36]。随着合成技术和手段的进步，人们在各种碳基载体上实现了金属（M）和 N 元素的共掺杂（M-N/C）[37]。根据合成方法和前驱体的选择，生成的材料可以是多样的，例如 M-N$_2$/C、M-N$_4$/C、M-N$_{2+2}$/C

等，其中 M-N$_4$/C 的形成通常有着最低的能量需求，是 M-N$_x$/C 中最稳定的结构[38]。这是因为 M-N$_4$ 结构中具有强共价金属-氮键，可增强材料的稳定性，因此 M-N$_4$ 结构单元在催化领域中有着广泛的应用前景[39-41]。

随着高性能计算机的计算能力的提升和理论计算方法的不断进步，理论设计并筛选，再与实验合作极大地加快了先进的催化剂的开发过程。本章接下来将主要介绍 ORR、OER、COOR 这三类化学反应的理论基础和掺杂型碳基催化剂在这三类化学反应中的研究进展。

1.2 氧还原反应概述

1.2.1 氧还原反应的应用及研究意义

随着气候变化、环境污染问题的日益加剧，以及由化石燃料供应减少引起的能源安全等问题的愈发突出，寻找清洁和可再生能源已成为社会可持续发展的最大挑战之一，这一发展的核心是需要先进的能量转换系统[42]。可再生能源技术燃料电池，已被证明可以在最少或没有环境污染的情况下进行能量转换[43]。氧还原反应，是多种燃料电池工作的核心环节，常见的质子交换膜燃料电池（PEMFCs），因缺乏一个良好的氧还原催化剂，从而严重地降低了整个设备的效率[44]。因此，从原子尺度理解氧还原反应，找到限制因素，提出优化策略是发展新型高效催化剂的关键，对 PEMFCs 电极材料的开发会起到积极的推动作用。

1.2.2 氧还原反应的基本原理

在酸性介质中，氧还原反应遵循两种反应路径：直接 4e$^-$ 还原或 2e$^-$ 还原。对于形成 H$_2$O$_2$ 的不完全还原 2e$^-$ 路径，只涉及 OOH*（在本书中，$*$ 表示吸附物质）一个反应中间体，还原路径的分步反应由下式给出：

$$O_2 \longrightarrow O_2^*$$ (1.1)

$$O_2^* + (H^+ + e^-) \longrightarrow OOH^* \tag{1.2}$$

$$OOH^* + (H^+ + e^-) \longrightarrow H_2O_2 \tag{1.3}$$

$$总反应: O_2 + 2(H^+ + e^-) \longrightarrow H_2O_2 \tag{1.4}$$

氧气与质子和电子（$H^+ + e^-$）直接结合生成水的 $4e^-$ 路径又分为缔合机理和解离机理。缔合机理描述为吸附的氧气与（$H^+ + e^-$）生成 OOH^* 中间体，随后与（$H^+ + e^-$）结合生成水，缔合机理包括 OOH^*、O^* 和 OH^* 这三个中间体，缔合机理的分步反应由下式给出：

$$O_2 \longrightarrow O_2^* \tag{1.5}$$

$$O_2^* + (H^+ + e^-) \longrightarrow OOH^* \tag{1.6}$$

$$OOH^* + (H^+ + e^-) \longrightarrow O^* + H_2O \tag{1.7}$$

$$O^* + (H^+ + e^-) \longrightarrow OH^* \tag{1.8}$$

$$OH^* + (H^+ + e^-) \longrightarrow H_2O \tag{1.9}$$

$$总反应: O_2 + 4(H^+ + e^-) \longrightarrow 2H_2O \tag{1.10}$$

而解离机理描述为吸附的氧气分子随后 O—O 键断裂，形成两个吸附的原子氧，进一步与（$H^+ + e^-$）结合生成水，解离机制只包括 O^* 和 OH^* 中间体。解离机理的分步反应由下式给出：

$$1/2O_2 \longrightarrow O^* \tag{1.11}$$

$$O^* + (H^+ + e^-) \longrightarrow OH^* \tag{1.12}$$

$$OH^* + (H^+ + e^-) \longrightarrow H_2O \tag{1.13}$$

$$总反应: 1/2O_2 + 2(H^+ + e^-) \longrightarrow H_2O \tag{1.14}$$

1.2.3 用于氧还原反应的掺杂型碳基催化剂

迄今为止，Pt 被认为是作为 ORR 催化剂的最佳选择[45]。然而，Pt 毕竟是贵金属，有限的储存量使其成本居高不下，这阻碍了燃料电池的大规模商业应用[46,47]。所以，相关科研人员也在不断研究可替代 Pt 的 ORR 催化剂。碳材料成本相对较低且结构易于调节，而掺杂型碳基材料作为 ORR 催化剂已被广泛研究，在 ORR 催化中表现出了广阔的应用前景。

① 非金属单原子掺杂型碳基催化剂用于 ORR　自 Dai 等人[27] 于 2009 年首次发现 N 掺杂碳纳米管以来，非金属单原子掺杂的碳基材料被深入研究。当非金属单原子（N、B、O、Si 等）掺杂到碳基材料时，会打破电中性碳 sp^2 平面，为反应物吸附和催化提供带电位点，这将有利于吸附以及反应物、中间体和产物的活化[26]。Wang 等人[48] 通过密度泛函理论计算研究了一系列非金属原子（N、B、P、S 和 Si）掺杂的富勒烯 C_{60} 对 ORR 的催化活性，计算结果表明 N 掺杂的 C_{60}，可以促进 ORR 过程，是高效 ORR 电催化剂的候选者。Gao 及其同事[49] 通过实验合成了一种 N 掺杂类富勒烯碳壳的新型材料，该材料对 ORR 的四电子路径有着 100％ 的催化选择性，还显示出了较好的耐甲醇性和稳定性。Liu 等人[50] 通过原位固态方法实验合成了具有超薄褶皱的 N 掺杂碳纳米管，该材料的 ORR 活性优于普通的 N 掺杂碳纳米管，具有理想的 ORR 催化活性和良好的耐久性。Cui 及其合作者[51] 通过熔盐辅助方法合成了三维多孔 N 掺杂石墨烯，该材料对 ORR 表现出了较高的催化活性，并通过理论计算进一步探究了催化活性起源，计算结果表明这种高催化活性源于扶手椅边缘的石墨 N 位点。然而实际上，由于 N 掺杂碳材料有着极其复杂的状态，哪些是活性位点（石墨 N、吡啶 N 或其他与 N 相邻的碳）目前仍然存在争议[52]。

② 金属单原子掺杂型碳基催化剂用于 ORR　如引言所述，g-C_3N_4 作为一种新型碳基材料，具有均匀分布的空腔及丰富的 N 配体。金属单原子掺杂的 g-C_3N_4 作为贵金属 ORR 催化剂的有效替代品，近年来引起了广泛关注。Wu 的课题组[53-55] 通过密度泛函理论从动力学和热力学方面研究了不同的金属单原子（Pd、Ce 和 Cu）掺杂到 g-C_3N_4 上催化 ORR 的反应机理，研究结果表明 Pd、Ce 和 Cu 原子的掺杂均可以有效地分解 H_2O_2，进行的是更有利的四电子还原路径。Zheng 及其合作者[56] 对单金属原子掺杂的 g-C_3N_4（M/g-C_3N_4，M＝Cr、Mn、Fe、Co、Ni、Cu、Zn）的 ORR 活性首先进行了理论预测，计算结果表明在碱介质中 Co/g-C_3N_4 有着较低的 ORR 理论过电位，其性能与贵金属催化剂 Pt 相当，同

时结合电化学表征，证实了这种高催化活性源于催化剂中精准的 M-N$_2$ 配位结构。

③ 金属-非金属原子共掺杂型碳基催化剂用于 ORR　金属-氮/碳（M-N/C）碳基材料被认为是一种很有前景的 ORR 催化剂，其催化活性受金属原子种类、N 或 C 与金属原子键合强度等因素的影响。自 1964 年 Jasinski[57] 首次发现酞菁钴对 ORR 表现出显著的催化活性以来，目前已经提出许多方法来探究和合成具有 M-N$_x$ 结构单元的高效 M-N/C 催化剂。报道最多的 M-N/C 催化剂的催化性能主要归因于结构中的 M-N$_4$ 或 M-N$_2$ 中心[58]。根据密度泛函理论计算，活性位点由过渡金属原子（元素周期表第 7~9 族）和 4 个 N 原子组成的 M-N/C 催化剂对 ORR 表现出了令人满意的催化活性[39,59]。实验方面，研究人员已经证实了 M-N/C 催化剂中的 M-N$_x$ 单元是 ORR 的活性中心[41,60,61]，其中 Bouwkamp-Wijnoltz 等人[62] 制备了碳负载的 M-N$_4$ 大环化合物，并通过原位穆斯堡尔光谱证明了 M-N$_4$ 结构作为大环化合物的基本单元是 ORR 的催化活性位点。

1.3　氧析出反应概述

1.3.1　氧析出反应的应用及研究意义

基于水、风能、太阳能和潮汐能等可再生能源的能源转换技术为实现可持续和绿色无污染的未来提供了可行性[63]。这些技术的核心是电化学氧化还原反应，开发出廉价且活性高的新型催化剂可以推动这些前沿技术的发展[24]。催化氧析出反应由于其在各种可再生技术（如太阳能驱动水分解和可充电金属-空气电池）中的重要作用而受到越来越多的关注[64,65]。不幸的是，氧析出反应是一种动力学缓慢的阳极反应，需要很大的过电位来提供相当大的电流，转换效率较低[66]。尽管最先进的催化剂 RuO$_2$ 和 IrO$_2$ 对氧析出反应（OER）表现出了较高的催化活性，但它们价格昂贵且长期使用会严重溶解，这限制了它们的大规模应用[67]。鉴于此，寻找具有高活性和成本低的氧析出反应催化剂是具有挑战性的，同时对可持续发展也具有重要意义。

1.3.2　氧析出反应的基本原理

氧析出反应（OER）是氧还原反应（ORR）的逆向过程。在酸性介质中，ORR 过程是 O_2 被还原为 H_2O，而在 OER 中是 H_2O 被氧化为 O_2。OER 的机理对电极表面结构非常敏感，普遍接受的 OER 整体反应路径涉及四电子转移步骤。在第一步中，催化剂从溶剂中获取一个 H_2O 分子并释放一对质子和电子（$H^+ + e^-$），从而形成 OH^*。接下来，一对（$H^+ + e^-$）继续与 OH^* 分离，形成 O^*。然后，O^* 与溶剂中另一个 H_2O 分子反应形成 OOH^*，并释放一对（$H^+ + e^-$）。最后，OOH^* 释放一对（$H^+ + e^-$）生成 O_2，催化进入下一循环。OER 的基本步骤由下式给出：

$$H_2O \longrightarrow OH^* + (H^+ + e^-) \tag{1.15}$$

$$OH^* \longrightarrow O^* + (H^+ + e^-) \tag{1.16}$$

$$O^* + H_2O \longrightarrow OOH^* + (H^+ + e^-) \tag{1.17}$$

$$OOH^* \longrightarrow O_2^* + (H^+ + e^-) \tag{1.18}$$

$$O_2^* \longrightarrow O_2 \tag{1.19}$$

$$总反应: 2H_2O \longrightarrow O_2 + 4(H^+ + e^-) \tag{1.20}$$

1.3.3　用于氧析出反应的掺杂型碳基催化剂

如同 ORR 对燃料电池技术的重要性一样，OER 作为金属-空气电池和水分解技术的核心，在下一代能源转化技术中具有重要的作用[68]。然而，OER 通常会产生较高的过电势，在该过电势下，多数贵金属基电催化剂都是不稳定的[24]。迄今为止，大量研究工作致力于探索用于 OER 高效且稳定的掺杂型碳基催化剂。

① 非金属单原子掺杂型碳基催化剂用于 OER　Zhao 等人[69] 在水热条件下，在原始石墨烯上原位自组装葡萄糖胺基离子液体合成了石墨烯负载的 N 掺杂碳，这种二维无金属复合物在 330mV 的过电位下实现了

$10mA/cm^2$ 的电流密度以及 $52.6mV/dec$（dec 为十进位 decade 缩写）的 Tafel 斜率，低于基于 Ir 和 Ru 的 OER 催化剂，这种优异的 OER 催化活性归因于石墨烯上组装的较高的石墨 N 含量，这大大增加了 OER 的催化活性位点的数量；原始石墨烯作为载体和助催化剂显著提升了石墨 N 相邻 C 位点的 OER 活性。Li 等人[70] 通过第一性原理计算对 N 掺杂石墨烯纳米带的 OER 活性起源进行了研究，研究发现 OER 的活性位点位于扶手椅纳米带上，对应着与 N 相邻的 C 原子。

② 金属单原子掺杂型碳基催化剂用于 OER　Zhao 等人[71] 通过密度泛函理论计算了单金属原子 Fe 和 Co 分别掺入到双空位石墨烯（Fe_1/DV-G 和 Co_1/DV-G）对 OER 的催化活性，结果显示 Fe_1/DV-G 和 Co_1/DV-G 的 OER 催化活性有待提高。同样基于密度泛函理论计算，Jiang 及其同事[72] 提出将单金属原子 Pt、Pd、Co、Ni 和 Cu 分别掺杂到具有天然空腔的氮化碳（CN）中，结果表明，非贵金属催化剂 Co_1/CN 和 Ni_1/CN 表现出了优异的 OER 活性，具有较低的 OER 理论过电位。Zheng 等人[56] 对单金属原子 Co 掺杂的 g-C_3N_4（Co/g-C_3N_4）的 OER 活性进行了理论研究和实验验证，理论计算和实验方法的综合评估表明 Co/g-C_3N_4 在碱介质中具有与贵金属基催化剂 IrO_2 相当的 OER 催化活性，这种高催化活性源于催化剂中精准的 Co-N_2 配位结构。

③ 金属-非金属原子共掺杂型碳基催化剂用于 OER　具有丰富 M-N_x 结构单元的金属-氮/碳（M-N/C）碳基材料也被认为是一种有前途的 OER 催化剂[40]。近期，Guan 及其同事[73,74] 报道了两种高效的 OER 催化剂，单金属锰或铁原子和 N_4 共掺杂到石墨烯上（Mn-N_4/G 和 Fe-N_4/G）。与单金属 Mn 原子掺杂的石墨烯（Mn/G）相比，Mn-N_4/G 的起始过电位大约负移了 $90mV$，此外，在 $10mA/cm^2$ 的电流密度下，Mn-N_4/G 的过电位（$337mV$）远低于 Mn/G 的过电位（$459mV$）。过电位的显著降低表明 N 配位在 OER 高活性 Mn 位点的形成中发挥了重要作用。密度泛函计算进一步证实了 Mn-N_4/G 中 Mn 原子与四个 N 原子配位对于高效催化 OER 的重要性。同时，报道中以 Fe-N_4 为特征的 Fe-N/C 催化剂也显示出良好的 OER 催化活性，但循环稳定性相对较差。在对 OER 进行长时间稳定性测试后，Fe—N 键的相对表面摩尔百分比从 16.1% 大幅下降至 12.8%。OER 过程 Fe—N 键的减少可能导致 Fe-N/C 中的活性位点密度

降低，致使催化 OER 的活性减弱。

1.4　CO 氧化反应概述

1.4.1　CO 氧化反应的应用及研究意义

　　一氧化碳（CO）是一种无色无味的有害气体，当空气中的 CO 含量高于 0.1% 时会导致人体中毒[75]。CO 主要来自工业烟气和机动车尾气，由化石燃料的不完全燃烧引起，例如，铁矿石在烧结过程中产生的烟气中含有大约 1% 的 CO 气体[76]。目前，催化 CO 氧化反应是公认的最节能、高效的 CO 净化方法[77]。此外，作为典型的气固多相反应，催化 CO 氧化反应被认为是基础研究中的一个极其重要的课题[78]。同时，CO 可作为分子探针研究催化剂结构、吸附/解吸行为以及催化反应机理，进而促进对新型催化剂的探索，因此受到了越来越多的关注[79]。贵金属（Pt、Pd 和 Au）催化 CO 氧化反应，已经被广泛研究[15,80,81]。然而，贵金属催化剂存在价格高、储量低、对催化剂制备工艺要求苛刻等缺点[82]。因此，开发高活性、低成本的 CO 氧化反应催化剂来替代贵金属催化剂，将 CO 在低温下转化为无毒气体对于解决日益严重的环境和能源问题具有重要意义。

1.4.2　CO 氧化反应的基本原理

　　根据以往的研究，目前催化 CO 氧化反应的主流机理有气相分子与吸附分子反应的 Eley-Rideal（ER）机理和双分子吸附的 Langmuir-Hinshelwood（LH）机理。催化剂与小分子的结合强度决定了催化剂上的反应机理。

　　ER 机理开始于 O_2 分子在催化剂表面上的吸附。随后，CO 分子接近预吸附的 O_2 分子，生成 CO_2 分子。催化剂上剩余的 O^* 继续与 CO 分子反应，生成的 CO_2 分子解吸后，催化剂重新进行 CO 氧化反应的新周期。ER 机理的反应步骤由下式给出：

$$CO^{gas} + O_2^* \longrightarrow CO_2^{gas} + O^* \qquad (1.21)$$

$$CO^{gas} + O^* \longrightarrow CO_2^{gas} \qquad (1.22)$$

在本书中，$*$ 和 gas 分别表示吸附物质和气相分子。

在 LH 机理中，CO 和 O_2 分子首先共吸附在催化剂表面，随后形成过氧化物 OOCO 中间体。接着 OOCO 中间体解离生成 CO_2 分子。CO_2 从催化剂表面解吸后，另一个 CO 分子进入系统与 O 原子共吸附在催化剂表面，随后生成 CO_2 分子。LH 机理的反应步骤由下式给出：

$$CO^* + O_2^* \longrightarrow OOCO^* \qquad (1.23)$$

$$OOCO^* \longrightarrow CO_2^{gas} + O^* \qquad (1.24)$$

$$CO^* + O^* \longrightarrow CO_2^{gas} \qquad (1.25)$$

1.4.3　用于 CO 氧化反应的掺杂型碳基催化剂

以前催化 COOR 的工作多数集中在贵金属催化剂上，如 Pt、Pd 和 Au 及其合金，由于贵金属储量非常有限，这些催化剂通常比较昂贵。因此，高昂的价格和有限的储量限制了这些催化剂在实际中的应用。研究人员不断探索用于 COOR 的高效低成本催化剂，掺杂型碳基材料在用于催化 COOR 方面已经被广泛研究。

① 非金属单原子掺杂型碳基催化剂用于 COOR　Chen 的课题组[79,83]利用第一性原理计算先后对原始五边形石墨烯以及 N 掺杂的五边形石墨烯催化 COOR 进行了研究，结果表明 N 掺杂的五边形石墨烯对 COOR 的催化活性远高于原始五边形石墨烯。Lin 等人[84] 通过密度泛函理论研究了 N 掺杂的碳纳米管（N/CNT）对 COOR 的催化活性，计算结果显示 N/CNT 对 COOR 的催化活性随着结构曲率的变化趋势而变化，曲率小则反应性强，曲率大则反应性弱。后续 Lin 及其同事[85] 又计算了 N 掺杂富勒烯（$C_{59}N$）催化 COOR 的可行性，结果表明，$C_{59}N$ 有潜力成为低温条件下稳定且无金属的 COOR 催化剂。

② 金属单原子掺杂型碳基催化剂用于 COOR　将单金属原子掺入碳

基材料对 COOR 具有很好的催化效果。Lu 等人[86] 通过第一性原理计算表明，单原子 Au 掺入单空位石墨烯（Au_1/SV-G）是一种很好的候选材料，在室温下对 COOR 具有高催化活性，他们将 Au_1/SV-G 的高催化活性归因于 CO、O_2 中的反键 $2\pi^*$ 态和 Au 原子的 5d 态之间的电子共振，催化由 LH 机理启动（CO 和 O_2 共吸附形成过氧化物 OCOO 中间体，随后释放 CO_2 分子并在 Au 原子上留下 O 原子），然后进行 ER 机理（气相 CO 分子直接进攻 O 原子形成第二个 CO_2 分子）。其他金属原子如贵金属 Pt 和 Pd 原子[87,88]，非贵金属 Co、Al、Zn、Ni、Cu 及 Mo 原子[89-92] 掺入单空位石墨烯催化 COOR 遵循的也是这种 LH-ER 联合机理。此外，Wang 等人[93] 通过密度泛函理论研究了单原子 Co 掺入 g-C_3N_4（Co/g-C_3N_4）对 COOR 的催化性能，结果表明在低温下 Co/g-C_3N_4 对 COOR 有着优异的稳定性和催化活性。

③ 金属-非金属原子共掺杂型碳基催化剂用于 COOR　Yang 等人[94] 采用第一性计算原理研究了 Mn-N_4 共掺杂到双空位碳纳米管（Mn-N_4/CNT）对 CO 的催化氧化性能，引入 Mn-N_4 结构单元可以有效地改善碳纳米管材料的表面活性，使其对 COOR 具有不错的催化活性。Kropp 及其合作者[95] 通过理论计算研究了 14 种过渡金属与氮原子共掺杂到双空位石墨烯对 COOR 的催化行为，结果表明 N 掺杂增强了较硬过渡金属（即原子半径较小且电子亲和力低的金属，如 Fe、Co 和 Ni）与载体的结合强度，降低了较硬过渡金属原子的氧亲和力。与之相反，N 掺杂降低了较软过渡金属（Ir、Ru、Rh 和 Mo）与载体的结合强度并增强了软过渡金属原子的氧亲和力，其中掺杂的 Fe 原子具有与金属 Pt 相似的氧亲和力，从而导致不受 CO 中毒影响而表现出了最佳的催化活性。

1.5　本书的研究意义和主要内容

能源和环境问题是人类经济社会发展所面临的两大挑战。催化作为一个重要的科学领域，因可以很好地解决以上问题而备受关注。常见的 ORR、OER、COOR 目前仍然大都依赖贵金属 Pt 及贵金属氧化物如 RuO_2 和 IrO_2 作为催化剂。这些催化剂在催化活性、稳定性、选择性等方面还存在许多的不足。其中催化剂的高成本以及稀缺性是制约其大规模商业应用的重要因素。因此开发出低成本高性能的催化剂来代替它们满足当代社会的需求，是催化研究的重点。

碳基材料凭借卓越的化学和机械可靠性、良好的导电性和导热性、生产成本低以及可变的结构和形态组合等优势，作为常见催化剂或催化剂载体，得到了广泛的研究。而将杂原子（如 N、B、P、Fe、Co、Ni 等）掺入到碳基材料来调节其物理和化学性质，能够使这种掺杂型碳基催化剂的催化活性进一步提高。

本书通过理论计算研究了四类结构新颖的掺杂型碳基催化剂的潜在应用，对它们的活性位点、吸附行为、反应机理等进行了探索，发现了它们能高效催化各类常见反应，例如氧还原反应、氧析出反应和 CO 氧化反应，对于设计和开发新颖高效的催化剂和实验研究具有重要的理论和实践意义。本书的主要研究内容如下。

① 对杂原子（N、B、O、Si）掺杂富勒烯 C_{70} 催化 ORR 和 OER 进行了密度泛函理论计算。首先，对催化剂的稳定性、电子传输能力及活性位点进行讨论。然后，对吸附中间体进行分析，表现出不错的线性关系。N 取代 C_{70} 中的 C1、C2、C3 和 C4 位点表现出 ORR 催化活性。与原始的 C_{70} 相比，B 和 N 掺杂都可以降低 OER 过电位值并提高 OER 性能。其中，N 取代 C_{70} 中的 C4 位点作为 OER 催化剂展现出最佳活性，成为潜在候选材料。

② 对金属 Ru 原子和 4 个 N 原子共掺杂空位富勒烯（$Ru-N_4-C_{54}$ 和 $Ru-N_4-C_{64}$）催化 ORR 和 COOR 进行了密度泛函理论计算。首先对催化剂的稳定性、电子传输能力、活性位点和吸附能力进行讨论。然后对比分析催化 ORR 和 COOR 路径中各个基元反应的活化能垒、反应能以及势能面，确定了两种性能与 Pt(111) 相媲美的 ORR 催化剂（$Ru-N_4-C_{54}$ 和 $Ru-N_4-C_{64}$）以及一种有潜力的 COOR 催化剂（$Ru-N_4-C_{64}$）。

③ 对过渡金属 Fe、Co 或 Ni 和 4 个 N 原子共掺杂空位富勒烯（$M-N_4-C_{64}$，M＝Fe、Co 或 Ni）催化 ORR 进行了密度泛函理论计算。首先对催化剂的稳定性、电子结构、活性位点和吸附能力进行讨论。然后对比分析催化 ORR 路径中各个基元反应的活化能垒、反应能以及势能面，筛选出

了两种有利的 ORR 催化剂：Fe-N_4-C_{64} 和 Co-N_4-C_{64}。

④ 对单个 Fe 原子掺杂的石墨氮碳化物（Fe/g-C_3N_4）催化 ORR 进行了密度泛函理论计算。首先对催化剂的稳定性、电子结构、活性位点和吸附能力进行讨论。然后对比分析催化 ORR 路径中各个基元反应的活化能垒、反应能以及势能面，确定了最优的 ORR 机理。计算结果表明 Fe/g-C_3N_4 是一种潜在的 ORR 催化剂。

第 2 章

理论基础与计算方法

2.1 引言

随着电子科学技术的迅速发展，应用到催化领域的理论计算也逐渐成熟。活性位点的识别和反应机理的理解是催化反应研究的两个关键问题。对于前者，实验上通过制备特定的催化剂，可在催化性能和可控因素之间建立明确的相关性，这种对活性位点的识别方法是间接的。实际上，催化反应过程中的许多中间状态是极难探测到的，它们极短的寿命以及复杂的反应条件使活性位点并不清晰，相应的催化机理亦不明确。因此，将实验表征和理论计算结合起来，用于识别各类催化反应中涉及的活性位点是一种相对直接的方法。同时，通过理论计算深入理解催化反应的催化机理可以加速潜在催化剂的筛选，进而更好地满足当代社会的需求。大量研究表明密度泛函理论在先进催化剂预测和开发中有着重要的应用。我们坚信，理论计算和实验研究的相辅相成将有效地改变催化剂设计的传统试错方法，为合理设计新型先进的催化剂开辟新的道路。

2.2 量子力学基本理论

2.2.1 薛定谔方程

量子力学的奠基人之一、诺贝尔物理学奖得主薛定谔（Schrödinger），通过证明波动力学和海森堡矩阵力学之间的等价性，结束了旧量子理论时代，同时迎来了新量子时代。其中 Schrödinger 方程[96] 能够正确地描述波函数的量子行为，是量子力学中最基本的方程。

Schrödinger 方程对应着含时和定态的两个独立的方程，其表现形式为：

$$i\hbar \frac{\partial}{\partial t}\Psi(r,R,t) = \hat{H}\Psi(r,R,t) \tag{2.1}$$

$$\hat{H}\Psi(r,R) = E\Psi(r,R) \tag{2.2}$$

式中，$\hbar$ 是约化普朗克常数；E 是分子的能量；r 和 R 分别表示的是电子和原子核的坐标；t 是时间；$\hat{H}$ 表示哈密顿算符。

含时 Schrödinger 方程（2.1）不仅描述系统在某一时刻的状态，还指出状态如何随时间变化，包含了原子、激光场及原子与激光场相互作用的全部物理内容。而定态 Schrödinger 方程（2.2）中的波函数对应的概率密度与时间无关，其描述的体系处于稳态。

虽然理论上可以通过求解 Schrödinger 方程来描述体系的波函数，但是多电子体系涉及的 Schrödinger 方程包含了过多的变量（$3N$），以致精确求解是极为复杂的。后来人们采取了很多近似的方法，对方程加以简化来求解复杂问题的近似解。

2.2.2　玻恩-奥本海默近似

事实上，绝大多数量子化学计算都是基于玻恩-奥本海默（Born-Oppenheimer）近似[97] 进行的。在 Born-Oppenheimer 近似中，电子部分的波函数被求解为由电子引起的势能面，而原子核的波函数被求解为静止原子核的任意排列。在大多数分子性质和反应动力学计算中，电子运动和原子核运动这种分离考虑是可以接受的，Born-Oppenheimer 近似的数学形式如下：

$$\hat{H}(r,R) = \hat{T}_{\text{nuc}}(R) + \frac{e^2}{4\pi_0} \times \frac{Z_A Z_B}{R} + \hat{H}_{\text{elec}}(r,R) \tag{2.3}$$

其中公式（2.3）右侧的三项依次表示：原子核的动能、原子核之间的库伦排斥作用以及电子对于能量的贡献。式中，r 和 R 分别表示的是电子和原子核的坐标。

2.2.3　单电子近似

除了动能和势能项以外，多电子体系的哈密顿量还包括电子-电子相互作用的势能项，该项是不能准确求解 Schrödinger 方程的原因之一。单电子近似是一个完全忽略电子-电子相互作用的假设，通过忽略电子排斥项将一个 N 电子体系的哈密顿量简化为 N 个类似氢原子的哈密顿量的和：

$$\hat{H}\Psi(r_1,r_2,r_3,\cdots,r_n)=\hat{H}(r_1)+\hat{H}(r_2)+\hat{H}(r_3)+\cdots+\hat{H}(r_n) \quad (2.4)$$

Schrödinger 方程中的变量（r_1，r_2，r_3，$\cdots$，r_n）被分离开了，最终得到了 n 个独立的 Schrödinger 方程：

$$\hat{H}(r_n)\Psi(r_n)=E_n\Psi(r_n) \quad (2.5)$$

将计算求得的 He 原子结合能与实验比较发现能量相差 30% 左右，但都在 -100eV（$1\text{eV}=1.602\times10^{-11}\text{J}$）左右，说明电子的排斥作用是很重要的，同时将电子作独立近似也是合理的。Hartree 和 Fock 在此基础上发展和改善近似解的精度，最终可以得到最好的单电子波函数。在分离 Schrödinger 方程的变量时为了计算电子-电子相互作用，电子-电子项必须做近似处理，使它依赖于单电子的坐标，这样的话哈密顿算符就可以以平均的方式考虑电子间相互作用，得到新的 Schrödinger 方程形式：

$$\hat{H}_e(r)\Psi(r)=\epsilon_i\Psi(r) \quad (2.6)$$

Hartree 方程是非线性的，需要迭代求解。首先对初始的电子密度进行猜测，求解 $N/2$ 单电子方程得到 N 电子波函数，然后从核以及电子建立势场，通过对称处理再次求解 $N/2$ 的 Schrödinger 方程，当输入波函数和输出的波函数一致时就得到了体系的基态。这个方法也叫 Hartree-Fock 自洽场（Hartree-Fock self-consistent field，SCF）近似。

2.2.4 Hartree-Fock 理论

对于具有两个或多个电子的量子体系，通常需要使用数值法求解 Schrödinger 方程，这是对于量子化学尤为重要的分子轨道近似理论，也称为 Hartree-Fock 近似理论。在此基础上使用一个 N 重自旋轨道的 Slater 行列式来表示波函数：

$$\Psi_{HF} = \frac{1}{\sqrt{N!}} \begin{vmatrix} \Psi_1(X_1) & \Psi_2(X_1) & \cdots & \Psi_N(X_1) \\ \Psi_1(X_2) & \Psi_2(X_2) & \cdots & \Psi_N(X_2) \\ \vdots & \vdots & \vdots & \vdots \\ \Psi_1(X_N) & \Psi_2(X_N) & \cdots & \Psi_N(X_N) \end{vmatrix}$$

$$= \frac{1}{\sqrt{N!}} \det[\Psi_1 \quad \Psi_2 \quad \cdots \quad \Psi_N] \tag{2.7}$$

变量 X_i 包含了空间位置 r_i 和自旋相反的 α、β 轨道。Ψ 归一化后的体系的总能量为：

$$E_{HF} = \int \Psi_{HF}^* \hat{H} \Psi_{HF} \, \mathrm{d}x = \sum_{i=1}^{N} H_i + \frac{1}{2} \sum_{i,j=1}^{N} (J_{ij} - K_{ij}) \tag{2.8}$$

方程（2.8）中的 J_{ij} 和 K_{ij} 分别表示库伦积分和交换积分。

若 $\Psi_i(X)$ 已正交归一，则利用拉格朗日方法可求得方程（2.8）的极小值，并得到微分方程：

$$\hat{F}\Psi_i(X) = \sum_{j=1}^{N} \varepsilon_{ij} \Psi_j(X) \tag{2.9}$$

方程（2.9）中的 $\hat{F}$ 和 ε_{ij} 分别为 Fock 算符和拉格朗日乘数。方程（2.9）的求解方法被称为 self-consistent field（SCF）方法。

$\alpha(\chi)$ 和 $\beta(\chi)$ 在体系电子为偶数时是成对出现的，方程（2.9）可简化为：

$$\hat{F}\Psi_k(X) = \sum_{l=1}^{\frac{N}{2}} \boldsymbol{\varepsilon}_{kl} \Psi_l(X) \tag{2.10}$$

将 Hermitian 矩阵形式的矩阵（$\boldsymbol{\varepsilon}_{kl}$）对角化后得到正则 Hartree-Fock 方程：

$$\hat{F}\Psi_k(X) = \boldsymbol{\varepsilon}_{kl}\Psi_l(X) \tag{2.11}$$

2.3 密度泛函理论

密度泛函理论（DFT）[98-102] 一直被认为是研究多电子体系最常用的方法，例如研究复杂的有机体系和三维体系中电子密度形式的固体。现代 DFT 计算大多数是基于 Kohn-Sham 方程进行的，该方程涉及无交互作用的电子在 N 个虚拟单粒子自旋轨道中填充电子。相比之下，波函数理论（WFT）通过 $3N$ 维反对称波函数来描述体系中的 N 个电子。WFT 方法可以系统地改进，并且可以为小分子提供出色的准确性，有时甚至可以与实验相媲美。然而，相关 WFT 方法的计算成本太高，无法应用到具有数百个原子的周期体系，而 DFT 在计算成本方面与 WFT 相比具有很好的竞争优势。这是因为 DFT 在描述多电子体系的电子运动性质时只需要 3 个函数变量，也就是只需要 3 个三维空间坐标，这既提高了计算的精准度，又解决了计算成本高的问题。

Hohenberg 和 Kohn 使用"反证法"论证了在由原子集合构成的 N 个电子交互体系中，基态总能量 E 是电子密度 $\Delta E_{\mathrm{N_2H}}$ 的函数。其中 $\rho_\uparrow$ 和 $\rho_\downarrow$ 分别是指自旋向上和自旋向下的电子密度。使用原子单位（$h = m = e^2 = 1$），体系的单电子 Kohn-Sham 方程可以写为：

$$\varepsilon_{i\sigma}\psi_{i\sigma}(r) = \left[-\frac{1}{2}\nabla^2 + v_{\mathrm{ext}} + \int \frac{\rho(r')}{|r-r'|}\mathrm{d}r' + v_{\mathrm{XC}}^\sigma\left(\left[\rho_\uparrow, \rho_\downarrow\right]; r\right)\right]\psi_{i\sigma}(r)$$

$$\tag{2.12}$$

式中，$\sigma = \uparrow$ 和 $\downarrow$ 是自旋 z 分量的值；i 表示空间 Kohn-Sham 轨道（ψ_i）的量子数；v_{ext} 是外部势能，可以写为分子体系库仑势的总和：

$$v_{\mathrm{ext}} = \sum_{\alpha=1}^{M} \frac{Z_\alpha}{|r-R_\alpha|} \tag{2.13}$$

式中，α 是原子核数；$v_{\mathrm{XC}}^\sigma\left(\left[\rho_\uparrow, \rho_\downarrow\right]; r\right)$ 是自旋相关的交换相关势，它是自旋密度的函数：

$$\rho_\sigma(r) = \sum_j^{OCC} |\Psi_{j\sigma}(r)|^2 \tag{2.14}$$

公式(2.14)中的总和为所有占据的 Kohn-Sham 轨道。

Born-Oppenheimer 近似的总电子能量为：

$$E = T_S[\rho_\uparrow, \rho_\downarrow] + E_{ext}[\rho] + E_{ee}[\rho] + E_{xc}[\rho_\uparrow, \rho_\downarrow] \tag{2.15}$$

其中：

$$T_S[\rho_\uparrow, \rho_\downarrow] = \sum_{j,\sigma}^{OCC} \left\langle \Psi_{j\sigma} \left| -\frac{1}{2}\nabla^2 \right| \Psi_{j\sigma} \right\rangle \tag{2.16}$$

是具有与真实体系相同自旋密度的非交互体系的动能，它是自旋密度的函数；$E_{ext}[\rho]$ 是电子分布与外部场（例如原子核）之间的交互作用：

$$E_{ext}[\rho] = \int \rho(r)\upsilon_{ext}(r)dr \tag{2.17}$$

$E_{ee}[\rho]$ 是交互作用和自交互作用的自旋密度的经典库仑能：

$$E_{ee}[\rho] = \frac{1}{2}\iint \frac{\rho(r)\rho(r')}{|r-r'|}dr\,dr' \tag{2.18}$$

$E_{xc}[\rho_\uparrow, \rho_\downarrow]$ 是交换相关能，其函数导数给出了公式(2.12)的交换相关势：

$$\upsilon_{XC}^\sigma([\rho_\uparrow, \rho_\downarrow];r) = \frac{\delta E_{xc}}{\delta \rho_\sigma(r)} \tag{2.19}$$

如果 $E_{xc}[\rho_\uparrow, \rho_\downarrow]$ 的具体函数形式是已知的，则公式(2.15)～公式(2.18)将给出 N 电子体系的具体基态能量以及自旋密度。

$E_{xc}[\rho_\uparrow, \rho_\downarrow]$ 通常写作为"交换"部分和"相关"部分的总和：

$$E_{XC}[\rho_\uparrow, \rho_\downarrow] = E_X[\rho_\uparrow, \rho_\downarrow] + E_C[\rho_\uparrow, \rho_\downarrow] \tag{2.20}$$

$E_X[\rho_\uparrow, \rho_\downarrow]$ 源于泡利原理，即费米子的波函数是反对称的。交换势的具体函数形式为 Hartree-Fock 交换：

$$\upsilon^{HF}\Psi_i(r_1) = -\sum_j \Psi_j(r_1)\int dr_2 \Psi_j^*(r_2)\frac{1}{r_1-r_2}\Psi_i(r_2) \tag{2.21}$$

Becke 首次证明了公式(2.12)中的 $\upsilon_{XC}^\sigma([\rho_\uparrow, \rho_\downarrow];r)$ 与公式(2.21)

中的 v^{HF} 杂化使用可以给出令人满意的热化学性能，从那时起，"杂化"一词被用来指代包含 Hartree-Fock 交换的泛函。

所有其他的电子交互作用都包含在相关能 $E_C[\rho_\uparrow, \rho_\downarrow]$ 中。

2.4　过渡态理论

过渡态理论是 20 世纪 30 年代 Polanyi 等人在量子力学和统计热力学的基础上提出来的[103]，用于研究有机反应中由反应物到产物的过程中过渡态的理论。过渡态理论又常被称为"绝对反应速率理论"。过渡态将相空间（原子坐标和动量的空间）划分为反应物区域和产物区域，其"分隔面"垂直于反应坐标。在线性三原子势能面的等高图上，分隔面被投影成一条直线，称作分隔线，即图 2.1 中的 S^* 线。过渡态就是分隔面附近的构型空间区域。传统过渡态理论让分隔面通过鞍点。广义或变分过渡态理论用变分法优选分隔面，分隔面可能通过鞍点，也可能偏离鞍点。

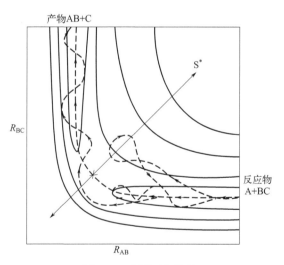

图 2.1　分隔面与轨线

虚线是能量最小途径，"×"号为鞍点，R 代表核间距[103]

需要以下隐含的假设来推导传统过渡态理论表达式：①Born-Oppenheimer 近似是有效的；②反应物状态服从 Boltzmann 统计平衡分布规律（这称为局部平衡近似）；③可以识别出动态瓶颈（过渡态），一旦反应轨迹到达过渡态，它们就进入到产物不会返回（同样地，任何到达过渡态的产物轨迹直接进入反应物也不会返回）；④假设核运动按经典力学处理，忽略隧道效应和相对论效应；⑤过渡态可以被识别为一个坐标空间超曲面，它将反应物与产物分开，并通过一个鞍点垂直于它的虚频简正模式。

评估双分子速率常数的传统过渡态理论表达式为：

$$k^{\ddagger}(T) = \frac{1}{\beta h} \times \frac{Q_c^{\ddagger}(T)}{\Phi_c^R(T)} e^{-\beta V^{\ddagger}} \tag{2.22}$$

式中，$V^{\ddagger}$ 是从反应物到过渡态的能垒差；$Q_c^{\ddagger}(T)$ 是过渡态的经典（C）配分函数；$\Phi_c^R(T)$ 是每单位体积的反应物经典配分函数。传统的过渡态理论指出，热速率常数可以只通过关注鞍点来计算。

过渡态还引入了"反应坐标"的概念，以及沿着它的运动可以与所有的其他自由度分开的假设。自过渡态理论提出以来，人们就认识到反应坐标的选择至关重要。由于反应坐标是垂直于过渡态的自由度，过渡态是一个曲面，因此选择过渡态相当于选择一个反应坐标和一个曲面沿着该坐标的位置。当我们选择过渡态垂直于鞍点结构的虚频简正模式坐标，并将其定位以便在鞍点处切割此坐标时，我们通常将其称为传统过渡态。任何其他选择都称为广义过渡态，在变分过渡态理论中，我们有一个标准来选择这些广义过渡态中的最佳状态，这被称为变分过渡态。

将平衡常数与标准吉布斯自由能联系起来，可以将公式（2.22）重写为：

$$k^{\ddagger}(T) = \frac{1}{\beta h} K^{\ddagger}(T) \tag{2.23}$$

式中，$K^{\ddagger}$ 是形成过渡态的准平衡常数。然后通过类比真实的热力学关系，可以写出：

$$k(T) = \frac{1}{\beta h} K^{\circ} e^{\frac{-\Delta G^{\ddagger, \circ}}{RT}} \tag{2.24}$$

再结合下式：

$$k(T) = \frac{1}{\beta h} K^{\circ} e^{\frac{-\Delta G_{act}^{\circ}(T)}{RT}} \tag{2.25}$$

得到：

$$k^{\ddagger}(T) = \frac{1}{\beta h} K^{\circ} e^{\frac{\Delta S^{\ddagger,\circ}}{R} + \frac{\Delta H^{\ddagger,\circ}}{RT}} \tag{2.26}$$

则标准热力学分析得出：

$$\Delta H^{\ddagger,\circ} = E_a - 2RT \tag{2.27}$$

以及：

$$A = \left(\frac{K^{\circ} e^2}{\beta h}\right) e^{\frac{\Delta S^{\ddagger,\circ}}{R}} \tag{2.28}$$

或：

$$\Delta S^{\ddagger,\circ} = R \ln\left(\frac{\beta h A}{K^{\circ}}\right) - 2R \tag{2.29}$$

式中，K° 为温度 T 时 1 个大气压（1 个大气压约等于 $1.013 \times 10^5 \, \mathrm{Pa}$）下浓度的倒数。

2.5　内禀反应坐标理论

20 世纪 70 年代，Fukui 首先提出内禀反应坐标（intrinsic reaction coordinate，IRC）[104,105]。Fukui 指出，在化学反应途径中，每一个原子的运动都可近似被认为是质点在运动。因此，它应该服从 Lagrange 方程：

$$\frac{\mathrm{d}}{\mathrm{d}t}\left(\frac{\partial L}{\partial \dot{\xi}_i}\right) - \frac{\partial L}{\partial \xi_i} = 0 \tag{2.30}$$

式中，ξ_i 和 $\dot{\xi}_i$ 分别为广义坐标和广义速度；L 为 Lagrange 函数；$i \in [1, n]$，n 为自由度，对于非线性分子体系 $n = 3N - 6$，N 为反应体系中原子核的数目。

解方程式(2.30)需要确定初始条件，Fukui 假设原子的运动是无限缓慢的准静态过程，可得到这个方程唯一的一组解，Fukui 称这组解为内禀反应坐标，展开如下：

$$\frac{\mathrm{d}}{\mathrm{d}t}\left(\frac{\partial L}{\partial \dot{\xi}_i}\right)=\sum_j a_{ij}(\xi)\ddot{\xi}_j \tag{2.31}$$

将公式（2.31）代入公式（2.30）中，可得：

$$\sum_{j=1}^{3N-6} a_{ij}(\xi)\ddot{\xi}_i+\frac{\partial E}{\partial \xi_i}=0 \tag{2.32}$$

由于 Fukui 假定原子运动是无限缓慢的，所以：

$$\ddot{\xi}_j=\kappa\Delta\xi_j \tag{2.33}$$

式中，$j\in[1,n]$；κ 为常数。将公式（2.33）代入公式（2.32）中，可得：

$$\sum_j a_{ij}\kappa\Delta\xi_j+\frac{\partial E}{\partial \xi_i}=0 \tag{2.34}$$

变换为：

$$\frac{\sum a_{ij}(\xi)\Delta\xi_j}{\dfrac{\partial E}{\partial \xi}}=常数 \tag{2.35}$$

公式（2.35）确定的运动轨迹就是内禀反应坐标。如果采用直角坐标系，可得：

$$\frac{m_a\Delta X_a}{\dfrac{\partial E}{\partial x_a}}=\frac{m_a\Delta Y_a}{\dfrac{\partial E}{\partial y_a}}=\frac{m_a\Delta Z_a}{\dfrac{\partial E}{\partial z_a}}=常数 \tag{2.36}$$

如果采用质权坐标，则有 $\xi_i=\sqrt{m_i x_i}$，可得：

$$\frac{\Delta\xi_1}{\dfrac{\partial E}{\partial \xi_1}}=\frac{\Delta\xi_2}{\dfrac{\partial E}{\partial \xi_2}}=\frac{\Delta\xi_3}{\dfrac{\partial E}{\partial \xi_3}}=\cdots=\frac{\Delta\xi_{3N}}{\dfrac{\partial E}{\partial \xi_{3N}}} \tag{2.37}$$

公式（2.37）即为 IRC 方程，它是等势能面切平面的法线方程。内禀反应坐标对研究反应机理以及动力学有着十分重要的意义。

2.6　计算氢电极模型和理论过电位

在 DFT 中处理电催化反应的计算方法对于探索催化机制是很重要的。与 pH 值和电极电位相关的吉布斯自由能（以下简称自由能）变化 ΔG 可以通过 Nørskov 及其同事[106] 提出的以下公式计算：

$$\Delta G = \Delta G(U=0) + \Delta G_U + \Delta G_{pH} + \Delta G_{field} \tag{2.38}$$

式中，ΔG_U 和 ΔG_{pH} 分别是由电极电位 U 和 pH 的变化而产生的自由能贡献。$\Delta G_U = -neU$，式中 n 是转移的电子数；U 是施加的电极电位与标准氢电极的关系。$\Delta G_{pH} = -k_B T \times \ln(H^+) = k_B T \times \ln 10 \times pH$，式中 k_B 是玻尔兹曼常数。ΔG_{field} 是来自电化学双层的自由能的校正，已被证明很小，该项根据以前的研究可以忽略不计[106]。$\Delta G(U=0)$ 表示为两种中间体在电极电位为零时计算的自由能差。

自由能（G）通过下式计算：

$$G = E + ZPE - TS \tag{2.39}$$

式中，E 表示 DFT 计算的总能量；ZPE 为零点能，对应的是 0K 下体系的内能/焓/自由能（此时这三个热力学上的能量数值相同）与电子能量的差值，来自原子核的振动运动；S 表示熵的值；T 是温度（本书中 $T = 298.15K$）。在 1 个大气压下、$U = 0V$ 以及 pH = 0 的条件下，反应 $H^+ + e^- \Longrightarrow 1/2H_2$ 在 298.15K 时达到平衡，根据 Nørskov 等人提出的计算氢电极（CHE）模型，将参考电势设置为标准氢电极的电势，可以使用 $1/2H_2$ 的自由能代替 H^+/e^- 对的化学势。O_2 的自由能考虑的是标准状态下 $O_2 + 2H_2 \longrightarrow 2H_2O$ 在实验上的反应能（4.92eV）。

在计算氢电极（CHE）模型中，如果催化反应中转移的电子数为 1，则基于等式 $U_R = -\Delta G/ne$ 得出反应电位 U_R 等于 $(-\Delta G/e)V$，而反应电位 U_R 与平衡电位 E_0 的偏差决定了过电位。对于涉及多电子转移的催化反应，例如氧还原反应，每个电子转移的步骤都可以视为一个基元反应，它可以产生相对于平衡电位的电位偏差。理论过电位（η）可以通过最大偏差来计算，η 可以用于评估催化剂的催化性能，η 越小，表明催化性能越好。氧还原反应的 η 定义为：

$$\eta_{ORR} = \Delta G_{max}/e + E_0 V \tag{2.40}$$

氧析出反应过程是氧还原反应的逆反应。相应地，氧析出反应的 η 可以写为：

$$\eta_{OER} = (-\Delta G)_{max}/e - E_0 V \tag{2.41}$$

在理想催化剂的情况下，η 等于 0。因此，高效催化剂的设计旨在使每一步的自由能变化接近具有最佳催化活性的平衡电位。

2.7 热力学活性火山图

Nørskov 及同事[106] 提出的"活性火山图"模型为快速寻找高效催化剂提供了可能。活性火山图通过在图中使用关键描述符来直观地体现出催化剂的催化活性走势，其中关键描述符的最优值对应着催化活性最佳的催化剂。

通过计算催化中间体的吸附能，可以有效地将关键描述符与线性关系结合起来，从而高效识别并剔除催化活性低的材料。广为接受的 Sabatier 原则[107] 认为，吸附物与催化剂的结合过弱会阻碍吸附物的活化，而结合过强则又会阻碍解吸过程钝化催化剂。因此，理想的催化剂与吸附物之间应该是一个适中的结合强度，使这些吸附物质能暂时与催化剂的活性位点结合，在所有中间过程得到促进后，都离开催化剂表面进行另一个催化循环。火山图可以用来描述催化活性，即具有最适中吸附强度的最佳催化剂位于火山图的顶部。

对于电催化氧还原反应以及氧析出反应，理想的催化剂上的 ΔG_{OOH^*}、ΔG_{O^*} 和 ΔG_{OH^*} 应该分别为 3.69eV、2.46eV 和 1.23eV。可以看到，在理想催化剂上，OOH 与 O 以及 O 与 OH 的吸附能差值为 1.23eV，在这种情况下，过电位值为零。例如，图 2.2 显示了在过渡金属表面上氧还原活性趋势与氧结合能的关系[106]，遗憾的是，没有哪一种金属表面显示其活性位于图 2.2 中纵坐标为零的位置，这也是研究人员不断改进催化剂的前进方向。

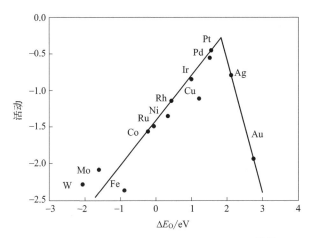

图 2.2　氧还原活性趋势与氧结合能的关系[106]

2.8　Mulliken 电荷

Mulliken 电荷[108-110] 自 20 世纪 50 年代被提出以来，已在研究原子在各种化学环境中的状态、考察分子性质、预测反应位点等方面展现出了很多实用价值。Mulliken 电荷计算方法算法简单，首先考虑分子轨道波函数归一化条件：

$$\int \phi_i (r)^2 \mathrm{d}r = 1 \tag{2.42}$$

公式（2.42）中，r 为空间坐标。分子轨道 ϕ_i 以基函数 $\boldsymbol{\chi}_m$ 展开：

$$\phi_i = \sum_m \boldsymbol{C}_{m,i} \boldsymbol{\chi}_m \tag{2.43}$$

公式（2.43）中，$\boldsymbol{C}$ 为系数矩阵。将公式（2.43）代入公式（2.42）中，积分后得：

$$\sum_m \boldsymbol{C}_{m,i}^2 + 2 \sum_m \sum_{m>n} \boldsymbol{C}_{m,i} \boldsymbol{C}_{n,i} S_{m,n} = 1 \tag{2.44}$$

公式（2.44）中，第一项和第二项分别为定域项和交叉项。Mulliken 将分子轨道 i 中基函数 m 所占成分定义为：

$$\Theta_{m,i} = C_{m,i}^2 + \sum_{n \neq m} C_{m,i} c_{n,i} S_{m,n} \qquad (2.45)$$

即，定域项被划归到相应基函数，而交叉项被平分给对应的两个基函数。将所有轨道中属于相同原子的基函数的占据数相加就得到了原子占据数，并直接得到原子电荷：

$$q_A = Z_A - \sum_i \eta_i \sum_{m \in A} \Theta_{m,i} \qquad (2.46)$$

公式(2.46)中，Z 和 η 分别代表原子核电荷数和轨道占据数。

2.9 d-带模型理论

由 Nørskov 等人[111,112] 建立的"d-带模型"理论在用于描述含过渡金属材料的催化活性方面是很成功的。尤其是，d-带模型理论阐明了被吸附物与催化剂之间的结合强度取决于与金属 d 态的耦合[113]。为了量化 d-带对材料吸附作用的影响，相应的 d-带中心（ε_d）定义为 d 电子能量的局部平均值：

$$\varepsilon_d = \frac{\int_{-\infty}^{+\infty} x \rho(x) \mathrm{d}x}{\int_{-\infty}^{+\infty} \rho(x) \mathrm{d}x} \qquad (2.47)$$

式中，x 代表能级；$\rho(x)$ 是对应的 d 轨道的态密度。

图 2.3 显示了吸附能与 d-带中心位置之间存在着明显的线性关系[113]。如果 d-带中心接近费米能级，则含过渡金属的催化剂更有可能表现出更高的吸附活性。通常，d-带中心受两个关键参数影响：d-带填充和带宽。随着 d 电子数的增加，d-带填充的能级上升，d-带中心将向下移动到较低的能级，从而导致弱吸附作用。如果 d-带的填充水平是固定的，带宽的缩小会导致 d-带中心将向上移动到较高的能级，从而导致强吸附作用。d-带模型理论在调节和探索含过渡金属催化剂的催化活性和机理方面发挥着重要的作用。

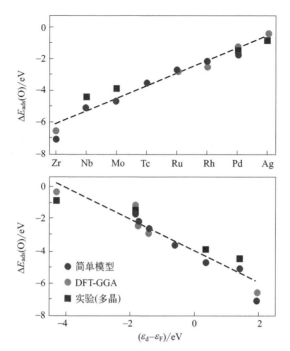

图 2.3　4d 过渡金属最密堆积表面上 O 吸附能 $\Delta E_{ads}(O)$ 的变化[113]

第 3 章

杂原子掺杂富勒烯C$_{70}$用于氧还原和氧析出反应的理论研究

3.1 引言

近些年来，随着地球上环境污染的日益严重以及能源危机的不断加剧，氧还原反应（ORR）和氧析出反应（OER）作为可再生能源技术（如燃料电池、太阳能驱动水分解和可充电金属-空气电池）的关键过程，已经得到了国内外研究人员的广泛关注[114-117]。贵金属（Pt）和贵金属氧化物（RuO_2、IrO_2）被认为是用于 ORR 和 OER 的有效电催化剂[118,119]。然而，这些催化剂的高成本、耐久性差和反应选择性低阻碍了它们的大规模商业应用[120,121]。另一方面，ORR 和 OER 在动力学上都是缓慢的，即使采用市面上最好的催化剂，它们也需要过电位（η）才能以一定的反应速率进行[122,123]。显然，电催化剂对绿色能源转换技术的发展发挥着重要作用[124]。在这种情况下，为可持续发展的未来，开发出高效且成本较低的 ORR 和 OER 电催化剂已成为目前研究最为活跃的领域之一。

碳基材料由于其具有来源丰富、导电率高、分子结构可调等特点，在能量转换领域中表现出了广阔的应用前景[125]。此外，与市面上的贵金属催化剂相比，碳基催化剂还具有相对较低的成本以及可持续利用等优点[126,127]。碳的同素异形体有很多，例如零维（0D）材料富勒烯、一维（1D）材料碳纳米管、二维（2D）材料石墨烯以及三维（3D）材料石墨等[128-131]。0D 材料富勒烯由于具有结构的稳定性、优异的电子传输性能和较高的电子亲和力，在碳基材料家族中逐渐崭露头角[132]。归功于上述优异的性质，富勒烯在光电、储能及能量转换领域均受到了研究人员的广泛关注[133-135]。Vinu 课题组[136,137] 报道介孔富勒烯 C_{60} 和 C_{70} 在实验中均表现出了良好的 ORR 性能。就在近期，Yan 课题组[138] 和 Echegoyen 课题组[139] 在实验方面分别报道了两种新材料：一种是将富勒烯 C_{60} 吸附到单壁碳纳米管上用于催化 ORR；另外一种是由 C_{60} 和氮化硼纳米片组成的新型 0D-2D 异质结构材料用于催化 OER，与商用催化剂 Pt 和 RuO_2 相比，这些含富勒烯的新型材料具有较高的电催化活性和稳定性。

掺杂策略，作为改进催化剂性能的一种有效手段，通过掺入杂原子来调整原始材料的电子结构、带隙、电荷密度、表面或局部化学特性，进而使掺杂后的材料可以更好地满足实际应用的需要[23]。杂原子掺杂的碳基材料被认为是很有前景的 ORR/OER 催化剂。在 2009 年的一项开创性工作中，Dai 的研究团队[27] 证明了 N 掺杂的碳纳米管阵列作为非金属电极，表现出了与 Pt 相当的 ORR 活性。随后，Nakanishi 及其同事[140] 报道了一种 N 掺杂的碳纳米材料，其性能与 OER 催化剂 RuO_2 和 IrO_2 相当。近期，Wang 和 Gao 的课题组[48,49] 分别从理论和实验方面证明了 N 掺杂富勒烯 C_{60} 作为 ORR 电催化剂的候选者，可以有效地促进 ORR 过程。Han 课题组[141] 的研究进一步表明，N 掺杂富勒烯 C_{60} 作为一种非金属电催化剂对 ORR 和 OER 均具有催化活性。此外，B 掺杂的富勒烯在实验和理论上也已被证明是潜在的 ORR 催化剂[142,143]。除了 B 和 N 的掺杂外，Si 和 O 的改性也可以引起碳材料表面电荷的重新分布，进而表现出良好的电催化活性[144,145]。与只有一种碳位点的富勒烯 C_{60} 相比，C_{70} 有着五种不同的碳位点，这意味着 C_{70} 作为非金属催化剂有着反应活性位点多样性的特点。然而，关于杂原子掺杂富勒烯 C_{70} 用于 ORR 和 OER 的电催化研究却是少之又少。

在这项工作中，我们通过密度泛函理论系统地评估了杂原子掺杂 C_{70} 的稳定性以及其对 ORR 和 OER 的催化活性。这项工作将为杂原子掺杂对电子性质的影响与提高 ORR/OER 活性之间的联系提供多角度的理解，进而为新型非金属掺杂碳基催化剂的设计和发现提供新的思路。

3.2 计算方法

所有基于 DFT 的计算都是在 Gaussian09[146] 软件包下完成的。在 B3LYP[48,147,148]/6-31G(d,p) 水平计算了所有静态点的几何结构以及振动频率，Grimme 提出的 DFT-D3 色散校正方法用于描述范德瓦耳斯相互作用[149]。同时，在同一计算水平应用了零点能（ZPE）校正。

通过四电子路径研究了酸性介质中（pH＝0）杂原子掺杂 C_{70}［表示为 X(Cn)，其中 X 为掺杂剂 B、N、O 或 Si；n＝1～5，代表 C_{70} 中的五种不同类型的碳原子］的 ORR 性能。ORR 的四电子路径包括以下四个基元反应：

$$^* + O_2 + (H^+ + e^-) \longrightarrow OOH^* \tag{3.1}$$

$$OOH^* + (H^+ + e^-) \longrightarrow O^* + H_2O \tag{3.2}$$

$$O^* + (H^+ + e^-) \longrightarrow OH^* \tag{3.3}$$

$$OH^* + (H^+ + e^-) \longrightarrow {}^* + H_2O \tag{3.4}$$

其中 * 表示为催化剂。由 Nørskov 及其同事开发的计算氢电极（CHE）模型（详见第 2 章 2.6 节），在 pH=0 和 $U=0$V 的条件下，每一步的自由能变化可以写为：

$$\Delta G_1 = \Delta G_{OOH^*} - 4.92 \tag{3.5}$$

$$\Delta G_2 = \Delta G_{O^*} - \Delta G_{OOH^*} \tag{3.6}$$

$$\Delta G_3 = \Delta G_{OH^*} - \Delta G_{O^*} \tag{3.7}$$

$$\Delta G_4 = -\Delta G_{OH^*} \tag{3.8}$$

式中，ΔG_{OOH^*}、ΔG_{O^*} 和 ΔG_{OH^*} 分别为 OOH^*、O^* 和 OH^* 的吸附自由能，由下式所得：

$$\Delta G_{OOH^*} = G_{OOH^*} - G_* - 2G_{H_2O} + 3/2G_{H_2} \tag{3.9}$$

$$\Delta G_{O^*} = G_{O^*} - G_* - G_{H_2O} + G_{H_2} \tag{3.10}$$

$$\Delta G_{OH^*} = G_{OH^*} - G_* - G_{H_2O} + 1/2G_{H_2} \tag{3.11}$$

式中，G_*、G_{OOH^*}、G_{O^*} 和 G_{OH^*} 分别是 *、OOH^*、O^* 和 OH^* 的自由能；G_{H_2O} 和 G_{H_2} 分别是 H_2O 和 H_2 分子的自由能。

3.3 结果与讨论

3.3.1 杂原子掺杂 C_{70} 的构型及性质

对于富勒烯 C_{70}，有 5 种不同类型的碳原子 [图 3.1(a)]。杂原子掺杂 C_{70} 形成的复合物记为 X(Cn)，表示为掺杂剂 X 取代了 C_{70} 上的 n 类型碳原子，其中掺杂剂 X 为 B、N、O 或 Si；$n=1\sim5$，代表 5 种不同类型的碳原子。

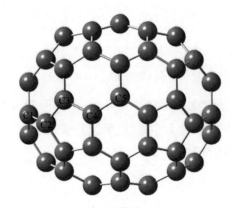

$E_{gap}=2.69\text{eV}$

(a) 优化的 C_{70} 构型

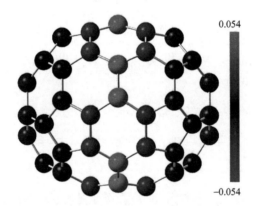

(b) C_{70} 上的 Mulliken 电荷(单位为 e)分布图

图 3.1 C_{70} 结构及其上的 Mulliken 电荷分布图

五种类型的碳原子在图中被标记，E_{gap} 为 HOMO-LUMO 能隙

$1\text{eV}=1.002\times10^{-19}\text{J}$ $1e=1.602\times10^{-19}\text{C}$

为了验证杂原子掺杂的可行性，掺杂体系的形成能 (E_f)[48] 由下式估算：

$$E_f=E_{doped}+E_C-(E_{pristine}+E_X)$$

其中 E_{doped}、$E_{pristine}$、E_C 和 E_X 分别表示杂原子掺杂体系、原始富勒烯 C_{70}、C_{70} 中 C 原子以及掺杂原子 X（X=B、N、O 或 Si）的能量。

图 3.2 显示了不同杂原子掺杂 C_{70} 的稳定构型以及相应的形成能。计算的形成能结果均为负值，表明这些材料在热力学上都是稳定的复合物。此外还可以看到，第三周期元素 Si 的半径较大，以及 O 和 C 之间较大的电负性差异，这导致了掺杂 Si 和 O 比掺杂 B 和 N 有着更大的形变和更不稳定的形成能。

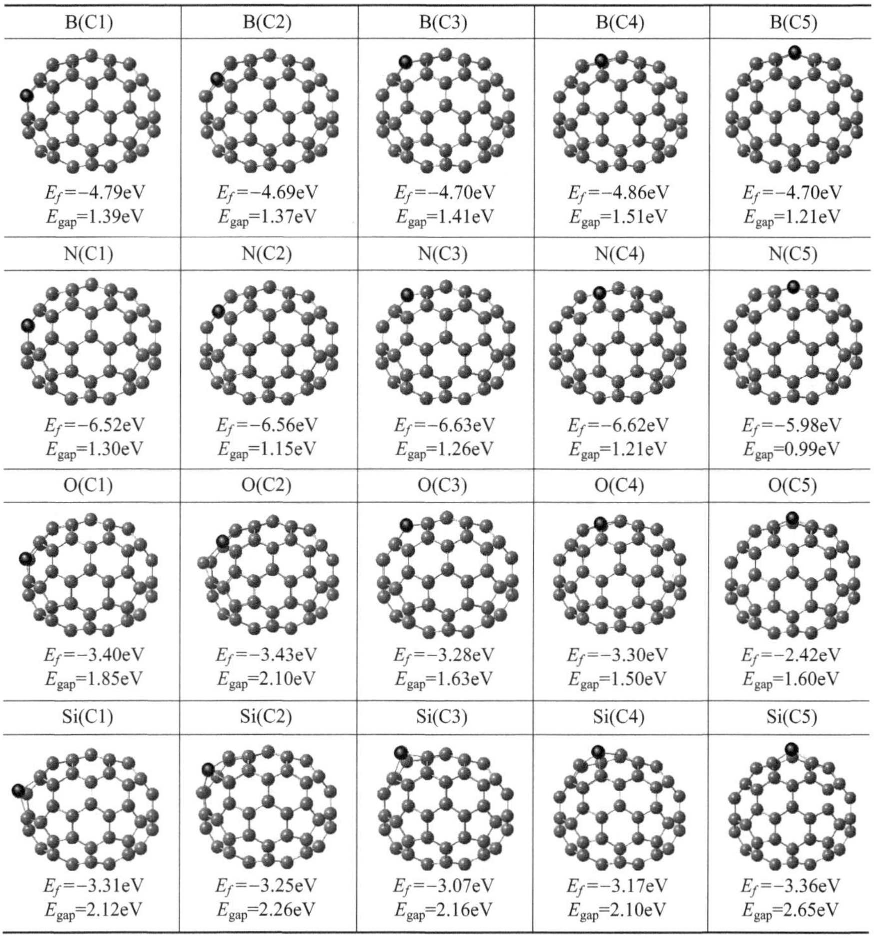

B(C1)	B(C2)	B(C3)	B(C4)	B(C5)
E_f=−4.79eV E_{gap}=1.39eV	E_f=−4.69eV E_{gap}=1.37eV	E_f=−4.70eV E_{gap}=1.41eV	E_f=−4.86eV E_{gap}=1.51eV	E_f=−4.70eV E_{gap}=1.21eV
N(C1)	N(C2)	N(C3)	N(C4)	N(C5)
E_f=−6.52eV E_{gap}=1.30eV	E_f=−6.56eV E_{gap}=1.15eV	E_f=−6.63eV E_{gap}=1.26eV	E_f=−6.62eV E_{gap}=1.21eV	E_f=−5.98eV E_{gap}=0.99eV
O(C1)	O(C2)	O(C3)	O(C4)	O(C5)
E_f=−3.40eV E_{gap}=1.85eV	E_f=−3.43eV E_{gap}=2.10eV	E_f=−3.28eV E_{gap}=1.63eV	E_f=−3.30eV E_{gap}=1.50eV	E_f=−2.42eV E_{gap}=1.60eV
Si(C1)	Si(C2)	Si(C3)	Si(C4)	Si(C5)
E_f=−3.31eV E_{gap}=2.12eV	E_f=−3.25eV E_{gap}=2.26eV	E_f=−3.07eV E_{gap}=2.16eV	E_f=−3.17eV E_{gap}=2.10eV	E_f=−3.36eV E_{gap}=2.65eV

图 3.2　优化的 X(Cn) 构型

X(Cn) 表示为掺杂剂 X 取代了 C_{70} 上的 n 类型碳原子，其中 X 为 B、N、O 或 Si；n=1～5，代表 5 种不同的碳位点。E_f 和 E_{gap} 分别表示形成能和 HOMO-LUMO 能隙值

此外，图 3.2 还显示了杂原子掺杂 C_{70} 的 HOMO-LUMO 能隙值

（E_{gap}，$E_{gap}=E_{LUMO}-E_{HOMO}$，式中 E_{LUMO} 和 E_{HOMO} 分别是最低未占据分子轨道和最高占据分子轨道的能量）。可以看出，无论掺杂何种原子，杂原子的存在都会系统地降低 HOMO-LUMO 能隙值，这表明与原始 C_{70} 相比，杂原子 B、N、O 或 Si 的引入是可以增加电子通量的。此外，由于未成对电子的存在，开壳层结构（掺杂 B 和 N）的能隙值明显低于闭壳层结构（掺杂 O 和 Si）的能隙值，电子通量的总体趋势是掺杂 N 的大于掺杂 B 的，大于掺杂 O 的，最后是掺杂 Si 的。

　　杂原子掺杂会引起催化剂表面电荷的重新分配。如图 3.3 所示，由于 N（3.04）和 O（3.44）的电负性大于 C（2.55），在掺杂 N 或 O 后，与掺杂原子相邻的 C 原子呈现正电荷。与之相反，由于 B（2.04）和 Si（1.90）的电负性是小于 C 的，因此引入后掺杂原子呈现正电荷。根据以前的研究[48,150] 可知，这些带正电荷的位点更有利于 ORR/OER 中间体的吸附，因此被选作为反应中心。

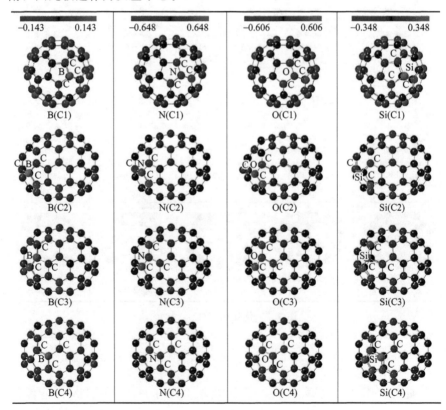

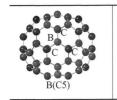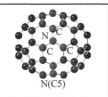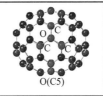

图 3.3　X(Cn) 上的 Mulliken 电荷分布

X(Cn) 表示为掺杂剂 X 取代了 C$_{70}$ 上的 n 类型碳原子，其中 X 为 B、N、O 或 Si；$n=1\sim5$，

代表 5 种不同的碳位点

3.3.2　ORR/OER 中间体的吸附

　　理想的催化剂必须对所有的反应物、中间体和产物有适中的吸附强度，使这些吸附物质能暂时与催化剂的活性位点结合，在所有中间过程得到促进后，都离开催化剂表面进行另一个催化循环。根据计算氢电极（CHE）模型可知，关键中间体（OOH、O 和 OH）的吸附自由能对于评估催化剂的 ORR/OER 性能是至关重要的。为了系统地了解 X(Cn) 上 ORR/OER 的催化活性，我们研究了这些中间体在 X(Cn) 上的吸附。通过公式(3.9)～公式(3.11)对中间体 OOH、O 和 OH 在 X(Cn) 上的吸附自由能进行了计算，并总结在了表 3.1 中。图 3.4 显示了 OOH、O 和 OH 在 X(Cn) 上吸附自由能之间的线性关系。可以看出，ΔG_{O^*} 与 ΔG_{OH^*}、ΔG_{OOH^*} 与 ΔG_{OH^*} 的关系分别符合方程：$\Delta G_{O^*}=1.19\Delta G_{OH^*}+1.28$ 和 $\Delta G_{OOH^*}=0.89\Delta G_{OH^*}+2.95$，两种线性关系的决定系数 R^2 分别为 0.54 和 0.98，这表明中间体的吸附自由能之间存在着良好的线性关系。

表 3.1　OOH*、O* 和 OH* 的吸附自由能（ΔG_{OOH^*}、ΔG_{O^*} 和 ΔG_{OH^*}）

催化剂	ΔG_{OOH^*} /eV	ΔG_{O^*} /eV	ΔG_{OH^*} /eV
C$_{70}$	4.69	2.04	1.32
B(C1)	2.86	1.86	−0.08
B(C2)	2.63	1.64	−0.30

催化剂	ΔG_{OOH^*} /eV	ΔG_{O^*} /eV	ΔG_{OH^*} /eV
B(C3)	2.84	1.87	−0.08
B(C4)	2.84	1.83	−0.10
B(C5)	3.05	2.02	0.11
N(C1)	3.22	1.32	0.36
N(C2)	3.38	1.43	0.48
N(C3)	3.41	1.48	0.56
N(C4)	3.39	2.28	0.50
N(C5)	3.30	0.92	0.11
O(C1)	1.72	−1.50	−1.26
O(C2)	1.90	−1.36	−1.05
O(C3)	1.68	−1.55	−1.30
O(C4)	1.97	−1.63	−0.98
O(C5)	0.94	−2.10	−2.04
Si(C1)	1.53	0.27	−1.70
Si(C2)	1.62	0.13	−1.62
Si(C3)	1.56	0.21	−1.70
Si(C4)	1.52	0.11	−1.74
Si(C5)	1.81	0.57	−1.45

众所周知，溶剂环境在电化学反应中起着重要作用。因此，我们使用 Truhlar 及其同事[151] 提出的隐式溶剂化模型（solvation model based on density，SMD）计算了中间体 OOH、O 和 OH 在水溶剂环境下对 C_{70} 和 X(Cn) 的溶剂化能，计算结果已列于表 3.2 中。溶剂化能为负表明相比于在真空中，结构在水溶剂环境中是更稳定的。显然，水环境确实可以稳定吸附中间体，并可能进一步影响热力学势的损失，这与 Chen 等人[150]

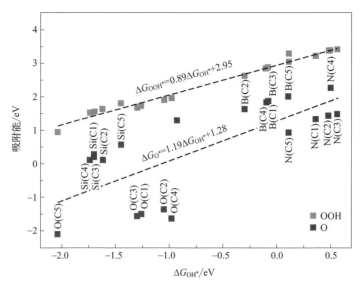

图 3.4   在 X(Cn) 上中间体的吸附自由能之间的线性关系

灰色表示 ΔG_{OH^*} vsΔG_{OOH^*}，黑色表示 ΔG_{OH^*} vsΔG_{O^*}

的研究结果一致。为了进一步确定 X(Cn) 的 ORR/OER 活性，接下来将对 ORR/OER 过程以及过电位进行讨论。

表 3.2   ORR/OER 中间体的溶剂化能

催化剂	OOH/eV	O/eV	OH/eV
C$_{70}$	−0.66	−0.48	−0.60
B(C1)	−0.75	−0.69	−0.67
B(C2)	−0.75	−0.68	−0.66
B(C3)	−0.76	−0.70	−0.68
B(C4)	−0.78	−0.70	−0.68
B(C5)	−0.75	−0.67	−0.66
N(C1)	−0.67	−0.62	−0.65
N(C2)	−0.70	−0.64	−0.66
N(C3)	−0.68	−0.63	−0.65
N(C4)	−0.65	−0.59	−0.60

催化剂	OOH/eV	O/eV	OH/eV
N(C5)	-0.67	-0.62	-0.55
O(C1)	-0.53	-0.57	-0.58
O(C2)	-0.55	-0.59	-0.59
O(C3)	-0.55	-0.58	-0.57
O(C4)	-0.56	-0.55	-0.61
O(C5)	-0.53	-0.66	-0.56
Si(C1)	-0.60	-1.18	-0.55
Si(C2)	-0.60	-1.16	-0.54
Si(C3)	-0.60	-1.20	-0.55
Si(C4)	-0.60	-1.23	-0.56
Si(C5)	-0.61	-1.18	-0.55

3.3.3 ORR/OER 性能

根据公式(2.38)，计算出了 X(Cn) 上 ORR 中的每一步自由能变化 ΔG，并总结在了表3.3中。图3.5(a) 和图3.5(b) 分别显示了在$U=0$V 时，X(Cn) 上 ORR 和 OER 的自由能曲线图。而图3.5(c) 和图3.5(d) 分别显示了在平衡电位为1.23V 时，X(Cn) 上 ORR 和 OER 的自由能曲线图。当$U=0$V 时，B(C5) 和 N(C1-5) 的自由能曲线是下坡的，表明在这种情况下反应很容易自发进行。电势决定步骤是具有最大 ΔG 值的步骤。计算结果表明，对于 ORR，所有杂原子掺杂 C_{70} 的电势决定步骤均为 $OH^* \longrightarrow {}^* + H_2O$，这是由中间体 OH^* 在 X(Cn) 上的紧密吸附导致的。此外，当每一步的自由能变化为负时，可施加的最大电压称为热力学限制电压 ($U_L^{ORR}=1.23-\eta_{ORR}$，$U_L^{OER}=1.23+\eta_{OER}$，式中 η 表示为过电位)，计算的热力学限制电压已总结在表3.3 中。当 $U_L^{ORR}=1.23-\eta_{ORR}$ 时，X(Cn) 上 ORR 可以自发进行，所有步骤在热力学上都是有利的。

当施加 1.23V 的平衡电位时，$OH^* \longrightarrow {}^* + H_2O$ 阶段的能量是上升的，表明催化剂表面被该物质占据，反应将不会再继续进行。相反，当 $U = 0V$ 时，B(C5) 和 N(C1-5) 上的所有 OER 步骤都需要爬坡。对于 B(C5) 和 N(C4)，中间体 O^* 相对较弱的结合强度使得步骤 $OH^* \longrightarrow O^*$ 成为电势决定步骤。当 $U_L^{OER} = 1.23 + \eta_{OER}$ 时，X(Cn) 上 OER 过程中最大的 ΔG 值减小到 0eV，表明整个 OER 过程可以在该电位下自发进行。当施加 1.23V 的平衡电位时，X(Cn) 上的 $OOH^* \longrightarrow {}^* + O_2$ 阶段都是需要爬坡的。

表 3.3　每个步骤的自由能变化（ΔG_1、ΔG_2、ΔG_3 和 ΔG_4）以及 ORR 和 OER 的过电位（η_{ORR} 和 η_{OER}）

催化剂	ΔG_1/eV	ΔG_2/eV	ΔG_3/eV	ΔG_4/eV	η_{ORR}/V	η_{OER}/V	U_L^{ORR}/V	U_L^{OER}/V
C_{70}	−0.23	−2.65	−0.72	−1.32	1.00	1.42	0.23	2.65
B(C1)	−2.06	−1.00	−1.94	0.08	1.31	0.83	−0.08	2.06
B(C2)	−2.29	−0.99	−1.94	0.30	1.53	1.06	−0.30	2.29
B(C3)	−2.08	−0.97	−1.95	0.08	1.31	0.85	−0.08	2.08
B(C4)	−2.08	−1.01	−1.93	0.10	1.33	0.85	−0.10	2.08
B(C5)	−1.87	−1.03	−1.91	−0.11	1.12	0.68	0.11	1.91
N(C1)	−1.70	−1.90	−0.96	−0.36	0.87	0.67	0.36	1.90
N(C2)	−1.54	−1.95	−0.95	−0.48	0.75	0.72	0.48	1.95
N(C3)	−1.51	−1.93	−0.92	−0.56	0.67	0.70	0.56	1.93
N(C4)	−1.53	−1.11	−1.78	−0.50	0.73	0.55	0.50	1.78
N(C5)	−1.62	−2.38	−0.81	−0.11	1.12	1.15	0.11	2.38
O(C1)	−3.20	−3.22	0.24	1.26	2.49	1.99	−1.26	3.22
O(C2)	−3.02	−3.26	0.31	1.05	2.28	2.03	−1.05	3.26
O(C3)	−3.24	−3.23	0.25	1.30	2.53	2.01	−1.30	3.24
O(C4)	−2.95	−3.60	0.65	0.98	2.21	2.37	−0.98	3.60
O(C5)	−3.98	−3.04	0.06	2.04	3.27	2.75	−2.04	3.98

催化剂	ΔG_1/eV	ΔG_2/eV	ΔG_3/eV	ΔG_4/eV	η_{ORR}/V	η_{OER}/V	U_L^{ORR}/V	U_L^{OER}/V
Si(C1)	−3.39	−1.26	−1.97	1.70	2.93	2.16	−1.70	3.39
Si(C2)	−3.30	−1.49	−1.75	1.62	2.85	2.07	−1.62	3.30
Si(C3)	−3.36	−1.35	−1.91	1.70	2.93	2.13	−1.70	3.36
Si(C4)	−3.40	−1.41	−1.85	1.74	2.97	2.17	−1.74	3.40
Si(C5)	−3.11	−1.24	−2.02	1.45	2.68	1.88	−1.45	3.11

注:U_L 是热力学限制电压。

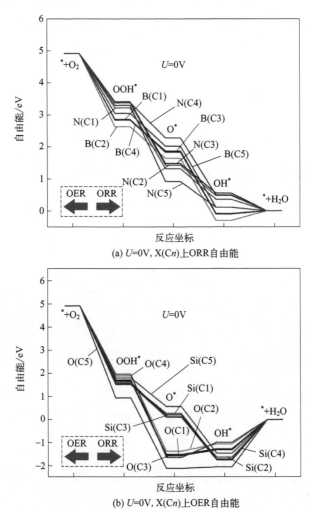

(a) U=0V, X(Cn)上ORR自由能

(b) U=0V, X(Cn)上OER自由能

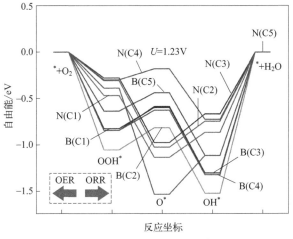

(c) U=1.23V, X(Cn)上ORR自由能

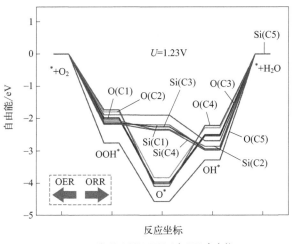

(d) U=1.23V, X(Cn)上OER自由能

图 3.5 X(Cn) 上的 ORR 和 OER 自由能曲线

从左到右为 ORR 过程, 从右到左为 OER 过程

  图 3.6 汇总了 X(Cn) 上 ORR 和 OER 的过电位值, 分别由公式(2.40)和公式(2.41) 计算所得, 其中平衡电位 E_0 = 1.23V。结果表明, 对于 ORR, 与原始富勒烯 C_{70} 相比, 掺杂 B、O 和 Si 都会增大 ORR 过电位值, 而且掺杂 N 到 C_{70} 的 C5 位点也会增大 ORR 过电位值, 说明这些掺杂都是不利的修饰选择。N(C1)、N(C2)、N(C3) 和 N(C4) 的 ORR 过

电位值分别为 0.87V、0.75V、0.67V 和 0.73V，大于 Pt 的 ORR 过电位值（$\eta_{ORR}=0.45V$），但它们仍然可以催化 ORR。换句话说，作为 ORR 催化剂，它们的催化活性比 Pt 差。对于 OER，与原始富勒烯 C_{70} 相比，O 和 Si 的掺杂都会引起 OER 过电位值的明显增大，这表明 O 和 Si 掺杂的 C_{70} 是不具备 OER 催化能力的。相反，B、N 掺杂都可以有效降低 OER 过电位值进而提高 OER 催化活性。值得注意的是，N(C4)（$\eta_{OER}=0.55V$）有着与传统贵金属 OER 催化剂 RuO_2（$\eta_{OER}=0.42V$）最接近的过电位值，表明它可以作为 OER 催化剂的潜在候选者。

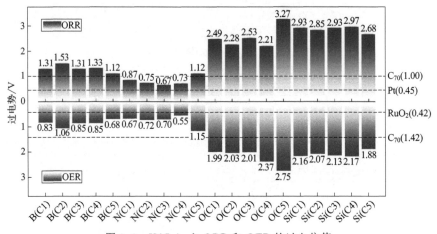

图 3.6 X(Cn) 上 ORR 和 OER 的过电位值

我们选择 ΔG_{OH^*} 和 $\Delta G_{O^*}-\Delta G_{OH^*}$ 作为描述符来进一步探究 X(Cn) 上的 ORR 和 OER 活性。图 3.7(a) 和图 3.7(b) 分别显示了负的 ORR 过电位值（$-\eta_{ORR}$）与 ΔG_{OH^*} 之间的关系以及负的 OER 过电位值（$-\eta_{OER}$）与 $\Delta G_{O^*}-\Delta G_{OH^*}$ 之间的关系。最佳的 ORR 催化剂的 ΔG_{OH^*} 值为 0.56eV，而最佳的 OER 催化剂其 $\Delta G_{O^*}-\Delta G_{OH^*}$ 为 1.78eV。可以看出，在 X(Cn) 中，N(C3) 和 N(C4) 分别位于 ORR 和 OER 火山图的顶部，表明 N(C3) 和 N(C4) 分别作为 ORR 和 OER 电催化剂是具有潜力的。图 3.7(c) 显示了吸附中间体（OOH*、O* 和 OH*）在 N(C3) 和 N(C4) 上的稳定构型。X(Cn) 上 ORR/OER 的电势决定步骤已标记在了图 3.7(a) 和图 3.7(b) 中。对于 ORR，所有杂原子掺杂 C_{70} 的电势决定步骤均为 OH$^* \longrightarrow {}^* + H_2O$，这是由中间体 OH* 与 X(C$n$) 的紧密吸

附所导致的。对于 OER，步骤 $OH^* \longrightarrow O^*$（由较大的 ΔG_{O^*} 值所导致）、$O^* \longrightarrow OOH^*$（由较大的 $\Delta G_{OOH^*} - \Delta G_{O^*}$ 值所导致）和 $OOH^* \longrightarrow {}^* + O_2$（由相对小的 ΔG_{OOH^*} 值所导致）是杂原子掺杂 C_{70} 上 OER 主要的电势决定步骤，而在所有杂原子掺杂 C_{70} 中，N(C4) 处于火山图最佳位置并显示有着最低的 OER 过电位值（0.55V）。

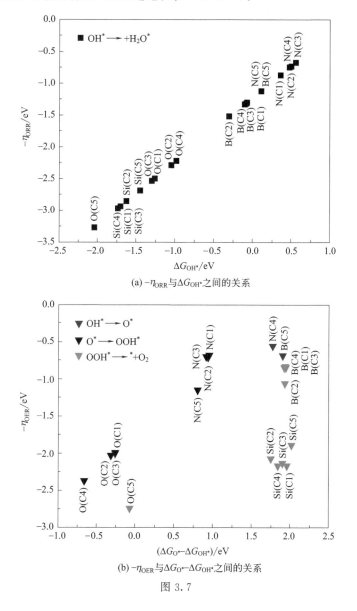

(a) $-\eta_{ORR}$ 与 ΔG_{OH^*} 之间的关系

(b) $-\eta_{OER}$ 与 $\Delta G_{O^*} - \Delta G_{OH^*}$ 之间的关系

图 3.7

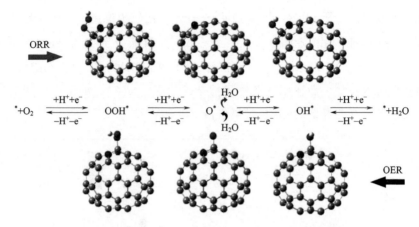

$^*+O_2$ $\underset{-H^++e^-}{\overset{+H^++e^-}{\rightleftharpoons}}$ OOH* $\underset{-H^++e^-}{\overset{+H^++e^-}{\rightleftharpoons}}$ O* $\overset{H_2O}{\underset{H_2O}{\rightleftharpoons}}$ $\underset{-H^++e^-}{\overset{+H^++e^-}{\rightleftharpoons}}$ OH* $\underset{-H^++e^-}{\overset{+H^++e^-}{\rightleftharpoons}}$ $^*+H_2O$

(c) 中间体(OH*、O*和OOH*)吸附在N(C3)和N(C4)上的稳定构型

图 3.7 X(Cn) 上 ORR 和 OER 活性关系

ORR 和 OER 在 X(Cn) 上的电势决定步骤已标记在图中

3.4 本章小结

在这项研究中，通过 DFT 系统地研究了杂原子掺杂 C$_{70}$ 作为 ORR 和 OER 电催化剂的可行性。X(Cn) 的稳定性通过形成能来评估，结果表明，对 X(Cn) 计算出的形成能均为负值，表明 X(Cn) 具有热力学稳定性。研究了 ORR/OER 中间体 （OOH*、O* 和 OH*） 在 X(Cn) 上的结合强度以及吸附自由能，进一步分析表明 ΔG_{OH^*} 分别与 ΔG_{OOH^*} 和 ΔG_{O^*} 具有良好的线性关系。根据自由能曲线和过电位值，评估了 X(Cn) 的 ORR/OER 性能。N(C1)、N(C2)、N(C3) 和 N(C4) 的 ORR 过电位值分别为 0.87V、0.75V、0.67V 和 0.73V，均大于 Pt （$\eta_{ORR}=0.45V$），但表明 ORR 仍然可以被催化。与原始 C$_{70}$ 相比，B、N 掺杂都可以有效降低 OER 过电位值进而提高 OER 催化活性。特别是 N(C4) （$\eta_{OER}=0.55V$）具有与传统贵金属 OER 催化剂 RuO$_2$（$\eta_{OER}=0.42V$） 相接近的过电位，表明它可以作为 OER 催化剂的潜在候选者。根据火山图从热力学角度预测了 X(Cn) 的最佳 ORR 和 OER 活性分别出现在 $\Delta G_{OH^*}=0.56eV$ 和 $\Delta G_{O^*}-\Delta G_{OH^*}=1.78eV$ 处。这项研究为实验上开发低成本、高效稳定的 ORR/OER 非金属掺杂碳基催化剂提供了理论指导。

第 **4** 章

Ru和N共掺杂空位富勒烯 (Ru-N$_4$-C$_{54}$和Ru-N$_4$-C$_{64}$) 用于氧还原和CO氧化反应 的理论研究

4.1 引言

　　燃料电池作为最有前途的能源技术之一，具有能量转换效率高、服务寿命长、有害气体排放低等优点，可以很好地应对当下全球日益严峻的能源和环境危机，受到研究人员的广泛关注[152-154]。然而，目前对昂贵稀缺的铂（Pt）基催化剂的高度依赖是燃料电池大规模商业应用的最大阻碍[155,156]。另一方面，阴极上催化氧还原反应（ORR）的缓慢动力学同样也阻碍了燃料电池技术的发展[157]。为了解决技术上的限制，开发出成本低且性能好的 ORR 催化剂来替代 Pt 基催化剂作为一种直接有效的策略[158]，已成为近期的研究焦点。

　　单原子催化剂由于具有超高的原子利用率和反应活性，以及催化剂上均匀分布的反应位点等特点[159]，在氧还原反应（ORR）、一氧化碳氧化反应（COOR）以及二氧化碳还原反应（CO_2RR）等诸多催化领域中表现出了令人满意的性能[160-162]。很多载体，例如单晶金属表面[163]、非碳基材料[164] 和碳基材料[165]，都已经被证明可以很好地稳定金属单原子，这得益于载体与金属原子之间的相互作用。其中，富勒烯具备优异的电子传输能力，是由 sp^2 杂化碳原子和共轭体系组成的中空分子[132]，可以将金属原子捕获至富勒烯笼的内部或外部与之结合，从而表现出较高的化学反应活性[166,167]。此外，富勒烯可以通过掺杂策略改变其固有的电子和化学性质，进而显示出不错的 ORR 活性[150]。Wang 等人[48] 通过密度泛函理论提出了氮掺杂的富勒烯（NC_{59}）相比其他杂原子掺杂的富勒烯可以更有效地促进 ORR 四电子过程。此外，Gao 及其同事[49] 实验上合成了一种 N 掺杂类富勒烯碳壳的新型材料，该材料对 ORR 的四电子路径有着100％的催化选择性，同时显示出了较好的耐甲醇性和稳定性。然而，开发出与商业 Pt 基催化剂性能相当的富勒烯基 ORR 催化剂仍然是一个挑战。

　　在碳基材料表面引入缺陷结构是一种常用的改性策略[126]。与原始材料相比，缺陷型碳基材料在配位环境、电子结构和催化活性位点等方面都有着较大的改变[168,169]。因此，将金属-类卟啉结构单元掺入到碳基材料中，可以有效地结合掺杂策略和缺陷策略的优点，进一步实现改进材料催化 ORR 活性的目的[58,170,171]，这一点已在实验和理论上得到了证实。例如，将 Fe-N$_4$ 掺杂到碳纳米管上[172] 或将 Mn-N$_4$ 掺入到石墨烯中[173]，这些复合的新材料在实验测试中均表现出了优异的 ORR 性能。近期，在理论和实验方面的报道表明，将 Ru-N$_4$ 掺杂到碳载体可作为有前景的 ORR 电催化剂[174-176]。此外，密度泛函理论（DFT）预测表明，单原子 Co 修饰的类卟啉多孔富勒烯（Co-C$_{24}$N$_{24}$）[177] 或 Fe-N$_4$ 嵌入的空位富勒烯（Fe-N$_4$-C$_{64}$）[178]，这些复合材料中金属原子是主要的 ORR 活性中心，并可通过更高效的四电子还原路径催化 ORR。

同等重要的是，催化 COOR 作为表面化学中重要的催化反应模型，因其化学计量简单，在评估催化剂性能和选择性方面起着至关重要的作用[179]。同时，它也是解决工业废气和交通尾气中由 CO 引起的环境问题最简单有效的方式[78,180]。一些碳基催化剂，如 N 掺杂的碳纳米管[78,84,180,181]、Fe-N$_4$ 掺杂的石墨烯[182,183] 以及单原子 Co 掺杂的石墨氮碳化物[93,184]，不仅表现出较高的 ORR 活性，而且还显示出不错的 COOR 性能。鉴于上述研究，我们想要知道金属 Ru 和非金属原子 N 是否可以共掺杂到空位富勒烯上，作为一类新型的 ORR 和 COOR 催化剂。然而，相关报道是罕见的。因此我们将 Ru-N$_4$ 共掺杂到空位富勒烯中（Ru-N$_4$-C$_{54}$ 和 Ru-N$_4$-C$_{64}$），通过 DFT 从热力学和动力学角度系统地探究了 Ru-N$_4$-C$_{54}$ 和 Ru-N$_4$-C$_{64}$ 对 ORR 和 COOR 的催化性能。DFT 结果显示 Ru-N$_4$-C$_{54}$ 和 Ru-N$_4$-C$_{64}$ 具有令人满意的 ORR 催化活性，而且还表明 Ru-N$_4$-C$_{64}$ 作为 COOR 催化剂是具有潜力的。

4.2 计算方法

所有基于密度泛函理论（DFT）的计算都是在 Gaussian09[146] 软件包下完成的。在 B3LYP[147,148,185]/BSI 水平计算了所有初始态、过渡态和最终态的几何结构以及振动频率，其中 BSI 代表混合基组，指定了 Ru 原子应用的是 SDDALL 基组，而 C、N、O 和 H 原子使用的是 6-31G(d,p) 基组。Grimme 提出的 DFT-D3 色散校正方法用于描述范德瓦耳斯相互作用[149]。此外，在同一计算水平应用了零点能（ZPE）校正。每个过渡态有且只有一个虚频，并通过内禀反应坐标（IRC）[104,105] 验证了每个过渡态确实是连接了相邻的初始态和最终态。过渡态与初始态之间的能量差为活化能（E_a）。定义片段 A 为过渡金属 Ru 的 D 基函数，d-带中心位置（$\varepsilon_{c,A}$）由 Multiwfn3.8(dev)[186] 程序通过下式计算：

$$\varepsilon_{c,A} = \frac{\int_{\text{low}}^{\text{high}} E \times \text{PDOS}_A(E)\,\mathrm{d}E}{\int_{\text{low}}^{\text{high}} \text{PDOS}_A(E)\,\mathrm{d}E}$$

$$\text{PDOS}_A(E) = \sum_i \Theta_{A,i} F(E - \varepsilon_i)$$

式中，ε 是单粒子 Hamilton 的特征值集；F 是展宽函数；$\Theta_{A,i}$ 是片段 A 对轨道 i 的贡献。对于分子、团簇等孤立体系，费米能级没有明确的定义，通常可以将其视为 HOMO 能级。$\varepsilon_{c,A}$ 和 HOMO 能级之间的差值即为 d-带中心值。半高全宽的设置在原理上不影响给出的 d-带中心值，为了呈现出结构良好的态密度图，将半高全宽这个参数设置为 0.01a. u.（a. u. 为 arbitrary units 任意单位的缩写）。

Ru-N$_4$ 共掺杂在空位富勒烯上的形成能（E_f）[59] 通过下式计算：

$$E_f = E_{\text{catalyst}} + 6E_C - (E_{\text{fullerene}} + 4E_N + E_{\text{Ru}})$$

式中，E_{catalyst} 和 $E_{\text{fullerene}}$ 分别是优化后催化剂（Ru-N$_4$-C$_{54}$ 或 Ru-N$_4$-C$_{64}$）和富勒烯（C$_{60}$ 或 C$_{70}$）的能量；E_C 和 E_N 分别是 C 原子和 N 原子的能量，对应为富勒烯中单个 C 原子能量和 N$_2$ 能量的二分之一；E_{Ru} 是单个 Ru 原子的能量。

吸附能（E_{ads}）[53] 通过下式计算：

$$E_{\text{ads}} = E_{\text{adsorbate@catalyst}} - (E_{\text{catalyst}} + E_{\text{adsorbate}})$$

式中，"catalyst" 是指催化剂 Ru-N$_4$-C$_{54}$ 或 Ru-N$_4$-C$_{64}$；$E_{\text{adsorbate@catalyst}}$ 是指吸附物与催化剂的总能量；E_{catalyst} 和 $E_{\text{adsorbate}}$ 分别指单独的催化剂和单独的吸附物的能量。

每个反应步骤的自由能变化（ΔG）的计算根据 Nørskov 等人提出的方法估算（详见 2.6 节）。

4.3 结果与讨论

4.3.1 Ru-N$_4$-C$_{54}$ 和 Ru-N$_4$-C$_{64}$ 的构型及性质

如图 4.1(a) 和图 4.1(b) 所示，为了将 Ru-N$_4$ 嵌入到富勒烯中，首先去除优化后 C$_{60}$ 和 C$_{70}$ 中的 1 号和 2 号 C 原子以分别产生空位。然后，N 原子取代 3、4、5 和 6 号 C 原子，这样，N$_4$-C$_{54}$ 中的 4 个吡啶 N 和 N$_4$-C$_{64}$ 中的 4 个吡咯 N 分别形成了类卟啉缺陷结构，这样的缺陷结构可

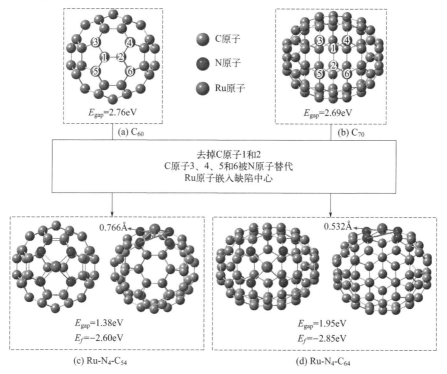

图 4.1　Ru-N$_4$ 嵌入富勒烯的过程

(c) 和 (d) 中标记了 Ru 原子到 N$_4$ 平面的距离。

E_{gap} 和 E_f 分别表示 HOMO/LUMO 的

能隙值以及形成能

$1\text{Å} = 10^{-10}\,\text{m}$

以很好地固定住金属原子。最后，将金属 Ru 原子嵌入到空位的中心。这种以两个六边形的公共边来构建空位掺杂 Ru-N$_4$ 的构型，我们定义为构型 1[图 4.1(c) 和图 4.1(d)]。

同时，我们还考虑了 C$_{60}$ 和 C$_{70}$ 中以五边形和六边形的公共边来构建空位掺杂 Ru-N$_4$ 的构型 [定义为构型 2，展示在图 4.2(c) 和图 4.2(d) 中]。计算结果表明，尽管 Ru-N$_4$ 掺杂 C$_{60}$ 的构型 2 比构型 1 稍稳定（能量低 0.13eV），然而，Ru-N$_4$ 掺杂 C$_{70}$ 的构型 2 却比构型 1 高出了 1.33eV 的能量。为了确保研究系统的一致性，我们选择了对称性更好的构型 1 作为研究对象。因此，下文中提到的 Ru-N$_4$-C$_{54}$ 和 Ru-N$_4$-C$_{64}$ 均为构型 1 模型。我们计算了 Ru-N$_4$-C$_{54}$ 和 Ru-N$_4$-C$_{64}$ 的自旋多重度以获得最稳定的能量。结果表明 Ru-N$_4$-C$_{54}$ 和 Ru-N$_4$-C$_{64}$ 的最稳定态分别为单重态和三重态，O$_2$ 分子为三重态。Ru-N$_4$-C$_{54}$ 和 Ru-N$_4$-C$_{64}$ 最稳定的构型

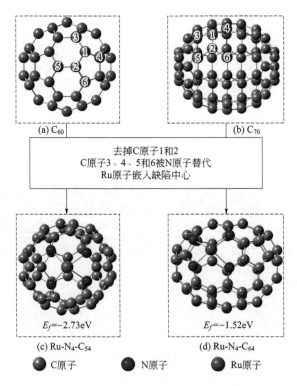

图 4.2   以 C$_{60}$、C$_{70}$ 中五边形与六边形公共边构建空位掺杂 Ru-N$_4$

E_f 表示形成能

被优化［图 4.1(c) 和图 4.1(d)］，对应的形成能（E_f）分别为 -2.60eV 和 -2.85eV，这表明 Ru-N$_4$-C$_{54}$ 和 Ru-N$_4$-C$_{64}$ 都是热力学稳定的复合物。此外，在 Ru-N$_4$-C$_{54}$ 中 Ru 原子到 N$_4$ 平面的距离是大于在 Ru-N$_4$-C$_{64}$ 中的。换言之，Ru-N$_4$-C$_{54}$ 相比于 Ru-N$_4$-C$_{64}$ 更呈现出金字塔型，且形变程度更大，这与形成能的结果是一致的。同时，与原始 C$_{60}$ 和 C$_{70}$ 相比，HOMO/LUMO（最高占据分子轨道/最低未占据分子轨道）的能隙值（E_{gap}，$E_{gap} = E_{LUMO} - E_{HOMO}$）表明，将 Ru-N$_4$ 掺入到空位富勒烯中，会降低 E_{gap} 值并增加电子通量。

此外，由图 4.3(a) 和图 4.3(b) 中 Ru-N$_4$-C$_{54}$ 和 Ru-N$_4$-C$_{64}$ 的 Mulliken 电荷可以看出，由于 N 原子的电负性大于 C 原子，因此 N 原子显示负电荷，相连接的 C 原子显示正电荷。Ru-N$_4$-C$_{54}$ 和 Ru-N$_4$-C$_{64}$ 中 Ru 原子的 Mulliken 电荷分别为 $0.701\,|\,e\,|$ 和 $0.792\,|\,e\,|$［$e = (1.60217733 \pm 0.00000049) \times 10^{-19}\text{C}$］。无论是研究 ORR 还是 COOR，氧气分子在催化剂上的吸附都是至关重要的，Ru-N$_4$-C$_{54}$ 和 Ru-N$_4$-C$_{64}$ 中带正电荷最多的 Ru 位点更有利于氧气分子的吸附，因此被选作为催化的活性中心。

d-带中心模型可以很好地用于预测过渡金属与吸附物之间的结合强度。图 4.3(c) 和图 4.3(d) 分别显示了 Ru-N$_4$-C$_{54}$ 和 Ru-N$_4$-C$_{64}$ 的态密度（DOS）。计算 Ru-N$_4$-C$_{54}$ 和 Ru-N$_4$-C$_{64}$ 的 d-带中心值分别为 -0.78eV 和 -1.70eV。d-带中心相对于费米能级的上移使得反键轨道更难被填充，成键作用被削弱的就越少。因此，可以预测 Ru-N$_4$-C$_{54}$ 与吸附物之间的相互作用强于 Ru-N$_4$-C$_{64}$。

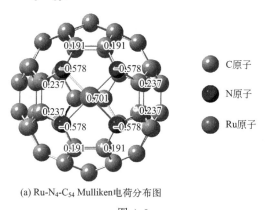

(a) Ru-N$_4$-C$_{54}$ Mulliken电荷分布图

图 4.3

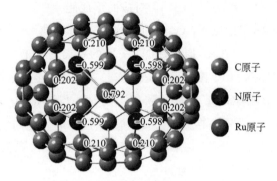

(b) Ru-N$_4$-C$_{64}$ Mulliken电荷分布图

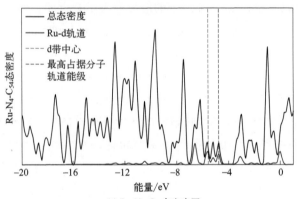

(c) Ru-N$_4$-C$_{54}$态密度图

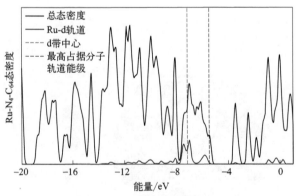

(d) Ru-N$_4$-C$_{64}$态密度图

图 4.3 Ru-N$_4$-C$_{54}$ 和 Ru-N$_4$-C$_{64}$ 上的 Mulliken 电荷（单位为 $|e|$）

分布图与态密度（DOS）图

对于开壳层结构 Ru-N$_4$-C$_{64}$，d-带中心值由 α 轨道计算所得

4.3.2 ORR 和 COOR 物质的吸附

对 ORR（O_2、H、OOH、OH、O、H_2O_2 和 H_2O）以及 COOR（O_2、CO、CO_2 和 $CO+O_2$）在 Ru-N_4-C_{54} 和 Ru-N_4-C_{64} 上所涉及的吸附物质进行了研究。图 4.4 展示了稳定的吸附构型以及相对应的吸附能

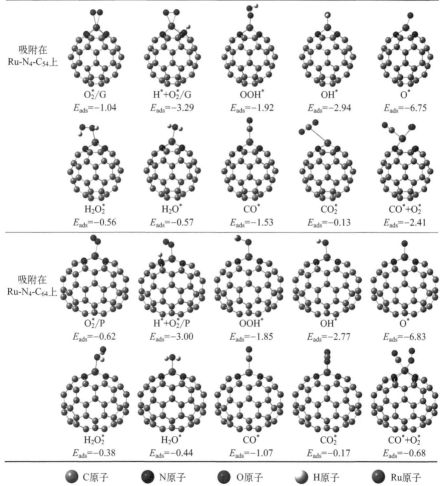

图 4.4 ORR 和 COOR 在 Ru-N_4-C_{54} 和 Ru-N_4-C_{64} 上所涉及的吸附物种的稳定构型

*表示吸附物质，O_2^*/G、O_2^*/P 和 O_2^*/B 分别指的是 O_2 的 Griffths、

Pauling 和桥式吸附模型。E_{ads} 为吸附能（以 eV 为单位）

（E_{ads}）。通过吸附能的计算，我们发现除了 O 和 CO_2 在两种催化剂上有着几近相同的吸附能，Ru-N_4-C_{54} 与其他吸附物的结合强度均强于 Ru-N_4-C_{64}，这与 d-带中心模型分析结果是一致的。对于 ORR，初始步骤是 O_2 在催化剂上的化学吸附。我们的计算结果表明，O_2 在 Ru-N_4-C_{54} 和 Ru-N_4-C_{64} 上最稳定的吸附构型分别是 Griffths 和 Pauling 模型，并分别以 $-1.04eV$ 和 $-0.62eV$ 的吸附能与 Ru 原子稳定地结合。对于 H 原子，作为另一个重要的 ORR 反应物，它可以很好地与吸附氧相邻的 N 原子结合。Ru-N_4-C_{54} 和 Ru-N_4-C_{64} 中的 $E_{ads}(OH)$ 都是大于 $E_{ads}(OOH)$ 的。O 原子在 Ru-N_4-C_{54} 和 Ru-N_4-C_{64} 上的吸附能分别为 $-6.75eV$ 和 $-6.83eV$。而不利的 ORR 中间体 H_2O_2 以 $-0.56eV$ 和 $-0.38eV$ 的吸附能分别与 Ru-N_4-C_{54} 和 Ru-N_4-C_{64} 相互作用，并在热力学和动力学的支持下立即分解为 O 和 H_2O。ORR 的预期产物 H_2O 分子，在 Ru-N_4-C_{54} 和 Ru-N_4-C_{64} 上的吸附能分别为 $-0.57eV$ 和 $-0.44eV$，接近大量水的溶剂化能（约 $-0.40eV$）[187,188]，这意味着 H_2O 分子一旦形成就很容易从催化剂上释放。

对于 COOR 物种，除了上面讨论的 O_2 分子外，CO 分子也可以稳定地吸附在 Ru-N_4-C_{54} 和 Ru-N_4-C_{64} 的 Ru 位点上，吸附能分别为 $-1.53eV$ 和 $-1.07eV$。CO 和 O_2 共吸附在 Ru-N_4-C_{54} 上有着较高的吸附能（$-2.41eV$），在 Ru-N_4-C_{64} 上的吸附能仅为 $-0.68eV$。CO_2 在 Ru-N_4-C_{54} 和 Ru-N_4-C_{64} 上的吸附能分别为 $-0.13eV$ 和 $-0.17eV$，表明 CO_2 与这两种催化剂的相互作用都很弱，作为 COOR 产物不会钝化催化剂。

4.3.3　Ru-N_4-C_{54} 和 Ru-N_4-C_{64} 上的 ORR 机理

对 Ru-N_4-C_{54} 和 Ru-N_4-C_{64} 上完整的 ORR 机理进行了研究，Ru-N_4-C_{54} 和 Ru-N_4-C_{64} 上所有可能的反应路径分别绘制在图 4.5 和图 4.6 中，其中虚线和实线分别代表吸附氧的氢化路径（可行的机理）和解离路径（不可行的机理）。对于加氢反应，$H^+ + e^- \longrightarrow H^*$ 被认为进行非常快且活化能极低[189]，因此在这项工作中使用吸附氢（H^*）来代替 $H^+ + e^-$。我们计算了 Ru-N_4-C_{54} 和 Ru-N_4-C_{64} 上 ORR 中的各个基元反应的活化能垒（E_a）、反应能（E_r）以及虚频（v），已在表 4.1 中列出。接下来，我们将对 Ru-N$_4$-C$_{54}$ 和 Ru-N$_4$-C$_{64}$ 上 ORR 的基本步骤进行详细讨论。

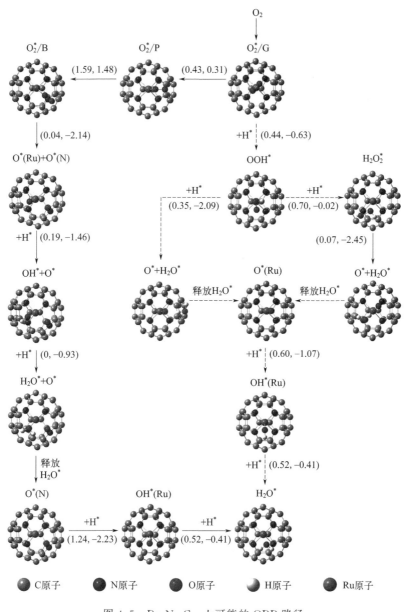

图 4.5　Ru-N$_4$-C$_{54}$ 上可能的 ORR 路径

括号中左侧和右侧数值分别为活化能垒（以 eV 为单位）和反应能（以 eV 为单位）。

* 表示吸附物质，A*（B）表示物质 A 吸附在 B 位点

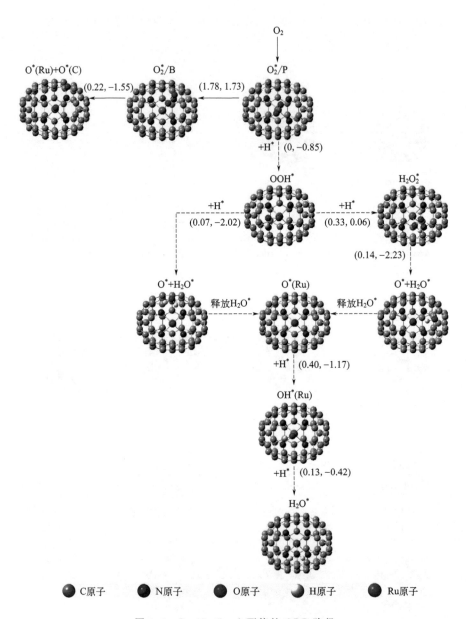

图 4.6 Ru-N$_4$-C$_{64}$ 上可能的 ORR 路径

括号中左侧和右侧数值分别为活化能垒
（以 eV 为单位）和反应能（以 eV 为单位）。

＊表示吸附物质，A＊（B）表示物质 A
吸附在 B 位点

表 4.1 Ru-N$_4$-C$_{54}$ 和 Ru-N$_4$-C$_{64}$ 上 ORR 中的各个基元反应的
活化能垒 E_a、反应能 E_r 以及虚频 v

反应步骤	Ru-N$_4$-C$_{54}$			Ru-N$_4$-C$_{64}$		
	E_a/eV	E_r/eV	v/cm^{-1}	E_a/eV	E_r/eV	v/cm^{-1}
O$_2^*$/G $\longrightarrow$ O$_2^*$/P[①]	0.43	0.31	i73			
O$_2^*$/P $\longrightarrow$ O$_2^*$/B	1.59	1.48	i391	1.78	1.73	i584
O$_2^*$/B $\longrightarrow$ O*(Ru)+O*(C)[②]				0.22	−1.55	i577
O$_2^*$/B $\longrightarrow$ O*(Ru)+O*(N)	0.04	−2.14	i454			
O*+O*+H* $\longrightarrow$ OH*+O*	0.19	−1.46	i1298			
OH*+O*+H* $\longrightarrow$ H$_2$O*+O*	0	−0.93	i288			
O*(N)+H* $\longrightarrow$ OH*(Ru)	1.24	−2.23	i1452			
O$_2^*$+H* $\longrightarrow$ OOH*	0.44	−0.63	i1357	0	−0.85	i1244
OOH*+H* $\longrightarrow$ H$_2$O$_2^*$	0.70	−0.02	i1354	0.33	0.06	i1259
H$_2$O$_2^*$ $\longrightarrow$ O*+H$_2$O*	0.07	−2.45	i180	0.14	−2.23	i138
OOH*+H* $\longrightarrow$ O*+H$_2$O*	0.35	−2.09	i424	0.07	−2.02	i400
O*(Ru)+H* $\longrightarrow$ OH*(Ru)	0.60	−1.07	i1460	0.40	−1.17	i1307
OH*(Ru)+H* $\longrightarrow$ H$_2$O*	0.52	−0.41	i1261	0.13	−0.42	i989

① *表示吸附物质，O$_2^*$/G、O$_2^*$/P 和 O$_2^*$/B 分别指的是 O$_2$ 的 Griffths、Pauling 和桥式吸附构型。

② A*(B)表示物质 A 吸附在 B 位点。

4.3.3.1 吸附氧在 Ru-N$_4$-C$_{54}$ 和 Ru-N$_4$-C$_{64}$ 上的解离机理

稳定吸附在催化剂上的 O$_2$ 分子有两种可能的竞争反应：解离和氢化。

O$_2$ 分子在 Ru-N$_4$-C$_{54}$ 上最稳定的吸附构型（O$_2^*$/G，注：*表示为吸附物质，O$_2^*$/G、O$_2^*$/P 和 O$_2^*$/B 分别指的是 O$_2$ 的 Griffths、Pauling 和桥式吸附模型）分解为两个氧原子吸附构型需要经过三步完成。首先，Ru-N$_4$-C$_{54}$ 上的 O$_2^*$/G 需要转换为 O$_2^*$/P ［图 4.7（a）］，这一步需要

0.31eV 的吸热能以及 0.43eV 的活化能。相比之下，逆过程 O_2^*/P 转换为 O_2^*/G 在热力学和动力学上更有优势（反应放热 0.31eV，活化能仅为 0.13eV）。随后，O_2^*/P 在下一步转换为 O_2^*/B ［图 4.7(b)］，这一阶段的吸热能高达 1.48eV 并伴有一个较高的活化能（1.59eV），表明该过程在热力学和动力学上都是不利的。最后，O_2^*/B 会立即分解成两个氧原子 ［$O_2^*/B \longrightarrow O^*(Ru) + O^*(N)$］，分别吸附在 $Ru-N_4-C_{54}$ 上的 Ru 和 N 位点上 ［图 4.7(c)］，这是由于这个分解反应的活化能极低，仅为 0.04eV。

上述结果表明吸附氧的解离机理在 $Ru-N_4-C_{54}$ 上是不利的，然而，为了确定 $Ru-N_4-C_{54}$ 上完全解离路径的速率限制步骤，我们研究了解离吸附在 $Ru-N_4-C_{54}$ 上的两个氧原子的后续 ORR 步骤。

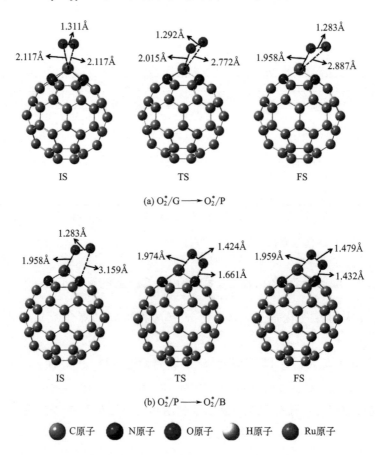

(a) $O_2^*/G \longrightarrow O_2^*/P$

(b) $O_2^*/P \longrightarrow O_2^*/B$

C原子   N原子   O原子   H原子   Ru原子

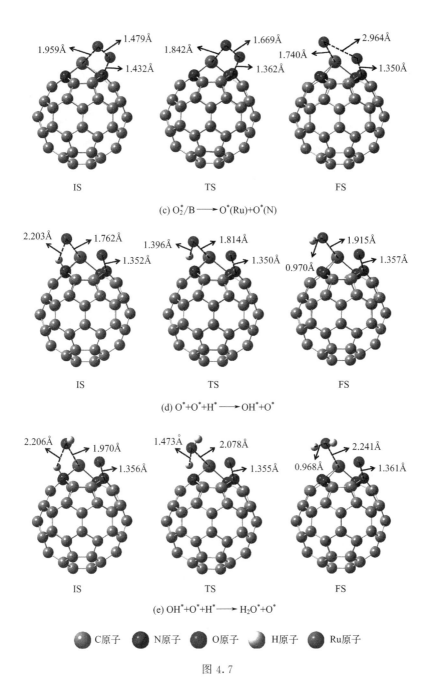

IS   TS   FS

(c) $O_2^*/B \longrightarrow O^*(Ru)+O^*(N)$

IS   TS   FS

(d) $O^*+O^*+H^* \longrightarrow OH^*+O^*$

IS   TS   FS

(e) $OH^*+O^*+H^* \longrightarrow H_2O^*+O^*$

C原子   N原子   O原子   H原子   Ru原子

图 4.7

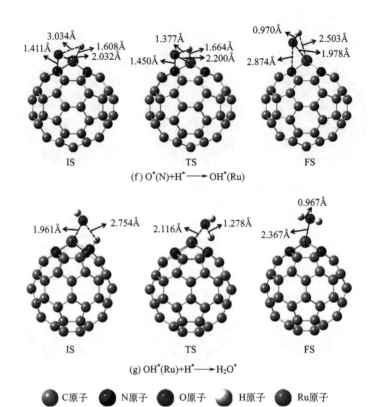

图 4.7　Ru-N$_4$-C$_{54}$ 上吸附氧解离机理的各个基元反应的初始态（IS）、

过渡态（TS）和最终态（FS）的稳定构型

*表示吸附物质，O$_2^*$/G、O$_2^*$/P 和 O$_2^*$/B 分别

指的是 O$_2$ 的 Griffths、Pauling 和桥式吸附

构型。A*（B）表示物质 A 吸附在 B 位点

  Ru-N$_4$-C$_{54}$ 上的 O$_2^*$/B 解离为 O*(Ru)＋O*(N)，O*(Ru)经历连续加氢过程形成第一个 H$_2$O*，即 O*(Ru)＋O*(N)＋H* $\longrightarrow$ OH*(Ru)＋O*(N) 和 OH*(Ru)＋O*(N)＋H* $\longrightarrow$ H$_2$O*(Ru)＋O*(N)［图 4.7(d) 和图 4.7(e)］。前一个氢化过程放出能量 1.46eV，活化能垒为 0.19eV，后一个氢化过程放出能量 0.93eV，活化能垒为零。形成的第一个 H$_2$O* 离去后，Ru-N$_4$-C$_{54}$ 上剩余的 O*(N) 进行下一步氢化反应［图 4.7(f)］，生成的 OH* 吸附在 Ru 位点上，最后是 OH*(Ru) 氢化形

成第二个 H_2O^*[图 4.7(g)]。$O^*(N)+H^* \longrightarrow OH^*(Ru)$ 和 $OH^*(Ru)+$ $H^* \longrightarrow H_2O^*$ 这两个连续氢化过程分别放出能量 2.23eV 和 0.41eV，活化能分别为 1.24eV 和 0.52eV。因此，确定了 $Ru\text{-}N_4\text{-}C_{54}$ 上吸附氧完全解离路径的速率限制步骤，即 $O_2^*/P \longrightarrow O_2^*/B$ 阶段，该步骤有着的较高活化能垒（1.59eV）和不利的吸热能（1.48eV）。

同时，我们的研究结果表明，相比于 $Ru\text{-}N_4\text{-}C_{54}$，吸附氧（$O_2^*/P$）的最稳定构型在 $Ru\text{-}N_4\text{-}C_{64}$ 上进行解离是更行不通的，因为 $Ru\text{-}N_4\text{-}C_{64}$ 上的 $O_2^*/P \longrightarrow O_2^*/B$[图 4.8(a)]阶段需要更多的吸热能（1.73eV），同时需要越过更高的活化能垒（1.78eV）。随后 O_2^*/B 仅需跨过 0.22eV

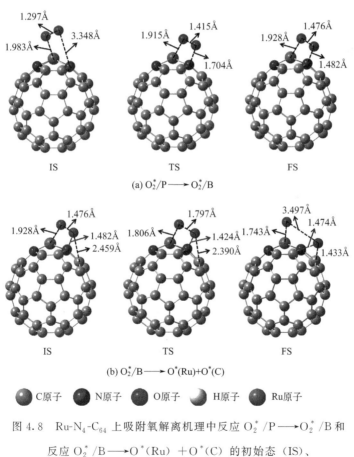

图 4.8　$Ru\text{-}N_4\text{-}C_{64}$ 上吸附氧解离机理中反应 $O_2^*/P \longrightarrow O_2^*/B$ 和
反应 $O_2^*/B \longrightarrow O^*(Ru) + O^*(C)$ 的初始态（IS）、
过渡态（TS）和最终态（FS）的稳定构型

的低能垒就可以分解为两个氧原子，分别吸附在 $Ru-N_4-C_{64}$ 的 Ru 和 C 位点上 [图 4.8(b)]。由于 $Ru-N_4-C_{64}$ 上吸附氧解离为两个氧原子，这一过程在热力学和动力学上都是不利的，所以解离路径的后续步骤我们将不再讨论。

4.3.3.2 吸附氧在 $Ru-N_4-C_{54}$ 和 $Ru-N_4-C_{64}$ 上的氢化机理

与解离机理不同，吸附氧在 $Ru-N_4-C_{54}$ 和 $Ru-N_4-C_{64}$ 上氢化形成 OOH^* ($O_2^* + H^* \longrightarrow OOH^*$) 在热力学和动力学上都是有利的。$O_2^* + H^* \longrightarrow OOH^*$ 这一过程在 $Ru-N_4-C_{54}$ [图 4.9(a)] 和 $Ru-N_4-C_{64}$ [图 4.10(a)] 上的放热反应能分别为 0.63eV 和 0.85eV，对应的活化能分别为 0.44eV 和 0eV，明显小于吸附氧在 $Ru-N_4-C_{54}$（1.04eV）和 $Ru-N_4-C_{64}$（0.62eV）上的解吸能。随后，形成的 OOH^* 有两种可能的氢化路径：① 与 Ru 成键的氧原子被氢化形成 $H_2O_2^*$（$OOH^* + H^* \longrightarrow H_2O_2^*$）；② OOH^* 中的羟基氧被氢化形成 $O^* + H_2O^*$（$OOH^* + H^* \longrightarrow O^* + H_2O^*$）。

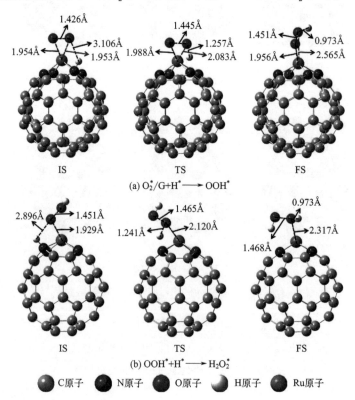

(a) $O_2^*/G + H^* \longrightarrow OOH^*$

(b) $OOH^* + H^* \longrightarrow H_2O_2^*$

● C原子　● N原子　● O原子　◖ H原子　● Ru原子

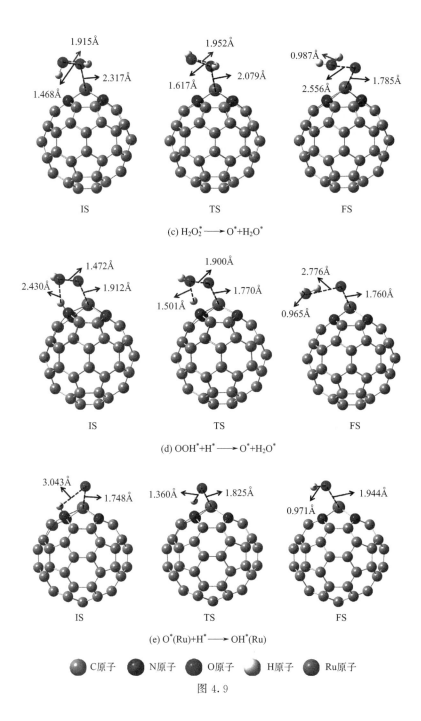

1.915Å
2.317Å
1.468Å

IS

1.952Å
1.617Å
2.079Å

TS

0.987Å
2.556Å
1.785Å

FS

(c) $H_2O_2^* \longrightarrow O^* + H_2O^*$

1.472Å
2.430Å
1.912Å

IS

1.900Å
1.501Å
1.770Å

TS

2.776Å
0.965Å
1.760Å

FS

(d) $OOH^* + H^* \longrightarrow O^* + H_2O^*$

3.043Å
1.748Å

IS

1.360Å
1.825Å

TS

0.971Å
1.944Å

FS

(e) $O^*(Ru) + H^* \longrightarrow OH^*(Ru)$

● C原子　● N原子　● O原子　● H原子　● Ru原子

图 4.9

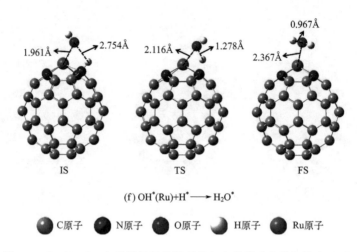

1.961Å   2.754Å   2.116Å   1.278Å   0.967Å   2.367Å

IS   TS   FS

(f) $OH^*(Ru)+H^* \longrightarrow H_2O^*$

⬤ C原子   ⬤ N原子   ⬤ O原子   ◗ H原子   ⬤ Ru原子

图 4.9   Ru-N_4-C_{54} 上吸附氧氢化机理的各个基元反应的初始态（IS）、
过渡态（TS）和最终态（FS）的稳定构型

对于反应①$OOH^*+H^* \longrightarrow H_2O_2^*$，在 Ru-$N_4$-$C_{54}$［图 4.9(b)］和 Ru-$N_4$-$C_{64}$［图 4.10(b)］上的反应能分别为 $-0.02eV$ 和 $0.06eV$，活化能分别为 $0.70eV$ 和 $0.33eV$。生成的不利中间体 $H_2O_2^*$ 会立即分解成 O^* 和 H_2O^*，$H_2O_2^*$ 在 Ru-N_4-C_{54}［图 4.9(c)］和 Ru-N_4-C_{64}［图 4.10(c)］上解离过程的放热能分别高达 $2.45eV$ 和 $2.23eV$，活化能分别为 $0.07eV$ 和 $0.14eV$，明显低于 $H_2O_2^*$ 在 Ru-N_4-C_{54}（$0.56eV$）和 Ru-N_4-C_{64}（$0.38eV$）上的解吸能。可以看出，尽管形成 $H_2O_2^*$ 的 $2e^-$ 路径在 Ru-N_4-C_{54} 和 Ru-N_4-C_{64} 上是可行的，但是 $H_2O_2^*$ 在热力学和动力学的支持下会立即分解为 O^* 和 H_2O^*，所以在这两种催化剂上将继续进行更有利的 $4e^-$ 还原路径。$H_2O_2^*$ 解离生成的 H_2O^* 从 Ru-N_4-C_{54} 和 Ru-N_4-C_{64} 上离去分别需要 $0.65eV$ 和 $0.17eV$ 的能量。

相比之下，反应②$OOH^*+H^* \longrightarrow O^*+H_2O^*$ 是更容易进行的。$OOH^*+H^* \longrightarrow O^*+H_2O^*$ 阶段在 Ru-N_4-C_{54}［图 4.9(d)］和 Ru-N_4-C_{64}［图 4.10(d)］上的放热反应能分别为 $2.09eV$ 和 $2.02eV$，活化能分别为 $0.35eV$ 和 $0.07eV$，比 $OOH^*+H^* \longrightarrow H_2O_2^*$ 过程具有更多的放热能以

及更低的活化能垒。此外，无论是反应①$OOH^* + H^* \longrightarrow H_2O_2^*$ 还是反应②$OOH^* + H^* \longrightarrow O^* + H_2O^*$，对应的活化能都远低于 OOH^* 在 Ru-N_4-C_{54}（1.92eV）和 Ru-N_4-C_{64}（1.85eV）上的解吸能，表明 OOH^* 不会使这两种催化剂失活。OOH^* 直接氢化形成的第一个 H_2O^* 从 Ru-N_4-C_{54} 和 Ru-N_4-C_{64} 上离去分别需要 0.46eV 和 0.14eV 的能量。

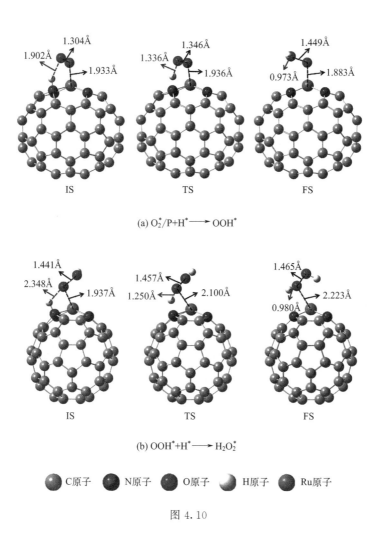

(a) $O_2^*/P + H^* \longrightarrow OOH^*$

(b) $OOH^* + H^* \longrightarrow H_2O_2^*$

● C原子　● N原子　● O原子　● H原子　● Ru原子

图 4.10

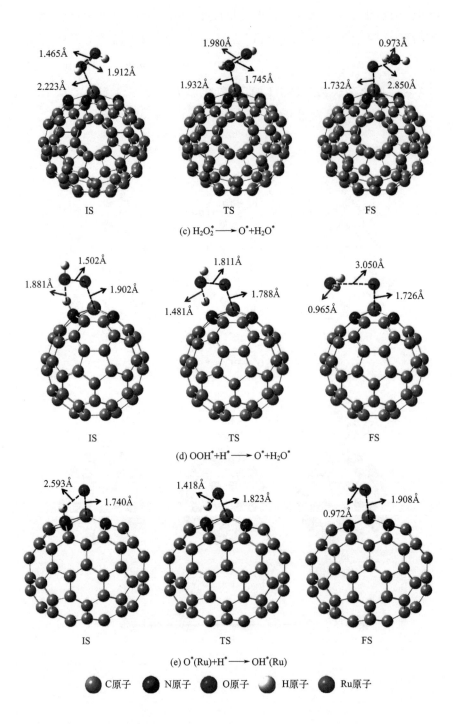

1.465Å
1.912Å
2.223Å
1.980Å
1.932Å
1.745Å
0.973Å
1.732Å
2.850Å

IS　　　　　TS　　　　　FS

(c) $H_2O_2^* \longrightarrow O^* + H_2O^*$

1.502Å
1.881Å
1.902Å
1.811Å
1.481Å
1.788Å
3.050Å
0.965Å
1.726Å

IS　　　　　TS　　　　　FS

(d) $OOH^* + H^* \longrightarrow O^* + H_2O^*$

2.593Å
1.740Å
1.418Å
1.823Å
0.972Å
1.908Å

IS　　　　　TS　　　　　FS

(e) $O^*(Ru) + H^* \longrightarrow OH^*(Ru)$

● C原子　　● N原子　　● O原子　　◗ H原子　　● Ru原子

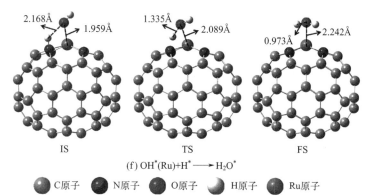

2.168Å 1.959Å 1.335Å 2.089Å 0.973Å 2.242Å

IS   TS   FS

(f) OH*(Ru)+H* ⟶ H₂O*

● C原子　● N原子　● O原子　◗ H原子　● Ru原子

图 4.10　Ru-N₄-C₆₄ 上吸附氧氢化机理的各个基元反应的初始态（IS）、
过渡态（TS）和最终态（FS）的稳定构型

第一个 H_2O^* 解吸后，停留在 Ru 位点的 O^* 连续氢化生成第二个 H_2O^*，即 $O^*(Ru)+H^* \longrightarrow OH^*(Ru)$ 和 $OH^*(Ru)+H^* \longrightarrow H_2O^*$。对于 $O^*(Ru)+H^* \longrightarrow OH^*(Ru)$ 阶段，在 Ru-N₄-C₅₄ ［图 4.9(e)］和 Ru-N₄-C₆₄ ［图 4.10(e)］上的放热反应能分别为 1.07eV 和 1.17eV，活化能分别为 0.60eV 和 0.40eV，明显低于 O^* 在 Ru-N₄-C₅₄（6.75eV）和 Ru-N₄-C₆₄（6.83eV）上的解吸能。生成的 OH^* 进行 4e⁻ 路径的最后一步 ［$OH^*(Ru)+H^* \longrightarrow H_2O^*$］，该过程在 Ru-N₄-C₅₄ ［图 4.9(f)］和 Ru-N₄-C₆₄ ［图 4.10(f)］上的放热反应能分别为 0.41eV 和 0.42eV，活化能分别为 0.52eV 和 0.13eV，远低于 OH^* 在 Ru-N₄-C₅₄（2.94eV）和 Ru-N₄-C₆₄（2.77eV）上的解吸能。生成的第二个 H_2O^* 在 Ru-N₄-C₅₄（−0.57eV）和 Ru-N₄-C₆₄（−0.44eV）上的吸附能接近大量水的溶剂化能（约−0.40eV），因此会很容易从催化剂上离去。

总之，吸附氧在 Ru-N₄-C₅₄ 和 Ru-N₄-C₆₄ 上的氢化机理是可行的。Ru-N₄-C₅₄ 和 Ru-N₄-C₆₄ 上动力学最优的 ORR 路径是相同的，即 $O_2^* \longrightarrow OOH^* \longrightarrow O^*+H_2O^* \longrightarrow OH^* \longrightarrow H_2O^*$。相对能量曲线（图 4.11）表明，Ru-N₄-C₅₄ 和 Ru-N₄-C₆₄ 上动力学最优的 ORR 路径的能量变化都是下降的，这意味着整个 4e⁻ 过程正向进行且在热力学上是有利的。同时可以看出，Ru-N₄-C₅₄ 和 Ru-N₄-C₆₄ 上动力学最优路径的速率限制步骤都是 OH^* 形成阶段，对应的活化能分别为 0.60eV 和 0.40eV，均小于 Pt(111)

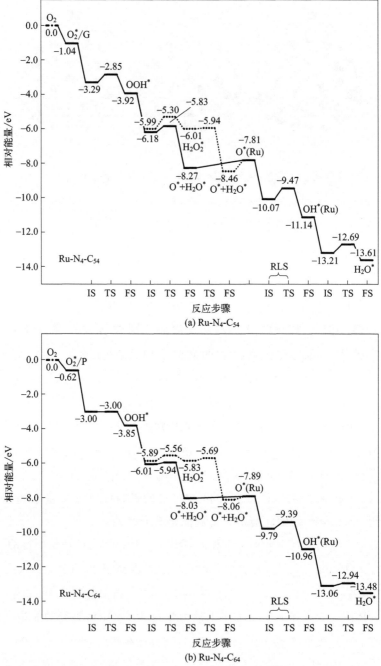

图 4.11 Ru-N$_4$-C$_{54}$ 和 Ru-N$_4$-C$_{64}$ 上可行的 ORR 路径的相对能量曲线

其中标记的 "RLS" 是指最优路径中（实线）的速率限制步骤

上的 0.79eV。这表明在动力学上，两种催化剂的 ORR 活性都优于
Pt(111)，而 Ru-N$_4$-C$_{64}$ 又优于 Ru-N$_4$-C$_{54}$。此外，ORR 的速率限制步骤
的活化能在 Fe-N$_4$ 掺杂石墨烯上是 0.56eV[182]，在 Co-N$_4$ 掺杂石墨烯上
是 0.69eV[190]，在 Ru-N$_4$ 掺杂石墨烯上是 0.47eV[175]，所以我们认为
Ru-N$_4$-C$_{64}$ 的 ORR 催化活性也优于它们。

4.3.3.3 ORR 自由能曲线

对 Ru-N$_4$-C$_{54}$ 和 Ru-N$_4$-C$_{64}$ 上 ORR 的每一步自由能变化进行计算，
结果列于表 4.2 中。Ru-N$_4$-C$_{54}$ 和 Ru-N$_4$-C$_{64}$ 上的 ORR 自由能曲线分别
绘制于图 4.12(a) 和图 4.12(b) 中。

表 4.2　每个步骤的自由能变化（ΔG_1、ΔG_2、ΔG_3 和 ΔG_4）

催化剂	ΔG_1/eV	ΔG_2/eV	ΔG_3/eV	ΔG_4/eV	U_L/V
Ru-N$_4$-C$_{54}$	−2.29	−1.86	−0.89	0.12	−0.12
Ru-N$_4$-C$_{64}$	−2.17	−2.03	−0.64	−0.08	0.08

注：U_L 为热力学限制电压。

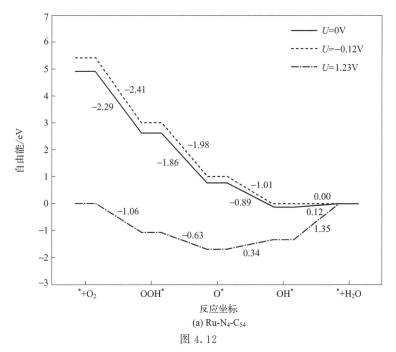

(a) Ru-N$_4$-C$_{54}$

图 4.12

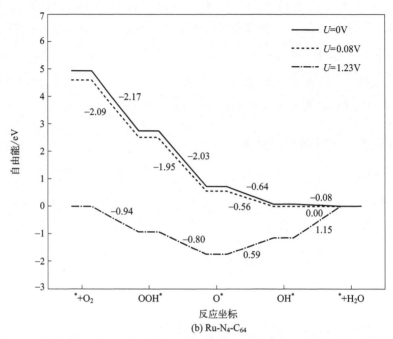

图 4.12　$Ru\text{-}N_4\text{-}C_{54}$ 和 $Ru\text{-}N_4\text{-}C_{64}$ 在 0、$-(\Delta G_{max})/e$ 和 1.23V 电极电位下的

ORR 自由能曲线

可以看出，$Ru\text{-}N_4\text{-}C_{54}$ 和 $Ru\text{-}N_4\text{-}C_{64}$ 上的热力学限制都是在 $OH^* \longrightarrow$ $^*+H_2O$ 阶段。当 $U=0V$ 时，$Ru\text{-}N_4\text{-}C_{54}$ 和 $Ru\text{-}N_4\text{-}C_{64}$ 对应的 ΔG_{max} 分别为 0.12eV 和 -0.08eV。根据计算的氢电极（CHE）模型，热力学限制电压（U_L）可以推导为 $U_L = -(\Delta G_{max})/e$，因此当 $U=-(\Delta G_{max})/e$ 时，$Ru\text{-}N_4\text{-}C_{54}$ 和 $Ru\text{-}N_4\text{-}C_{64}$ 上 ORR 的最大 ΔG 值为 0eV，表明整个 ORR 过程可以在该电位下自发进行。当 $U=1.23V$ 时，两种催化剂上的 $O^* \longrightarrow OH^*$ 和 $OH^* \longrightarrow {}^*+H_2O$ 阶段都需要爬坡才能进行。ORR 自由能曲线分析表明 $Ru\text{-}N_4\text{-}C_{64}$ 的 ORR 性能是优于 $Ru\text{-}N_4\text{-}C_{54}$ 的。

4.3.4　$Ru\text{-}N_4\text{-}C_{54}$ 和 $Ru\text{-}N_4\text{-}C_{64}$ 上的 COOR 机理

Eley-Rideal（ER）和 Langmuir-Hinshelwood（LH）是两类人们熟知的 COOR 机理。ER 机理是气相 CO 分子与吸附氧直接反应的机理。而在 LH 机理进行之前，CO 和 O_2 分子将共吸附在催化剂上。接下来将详细探讨和比较 Ru-N$_4$-C$_{54}$ 和 Ru-N$_4$-C$_{64}$ 上的这两类机理，Ru-N$_4$-C$_{54}$ 和 Ru-N$_4$-C$_{64}$ 上 COOR 中的所有基元反应的活化能垒（E_a）、反应能（E_r）以及虚频（v）已经在表 4.3 中列出。

表 4.3 Ru-N$_4$-C$_{54}$ 和 Ru-N$_4$-C$_{64}$ 上 COOR 中的各个基元反应的活化能

反应步骤	Ru-N$_4$-C$_{54}$			Ru-N$_4$-C$_{64}$		
	E_a/eV	E_r/eV	v/cm^{-1}	E_a/eV	E_r/eV	v/cm^{-1}
$O_2^* + CO^{gas} \longrightarrow O^* + CO_2^{gas}$ ①	1.09	−3.18	i718	0.88	−3.67	i602
$O^* + CO^{gas} \longrightarrow CO_2^{gas}$	0.77	−1.63	i652	0.84	−1.59	i772
$O_2^* + CO^* \longrightarrow OOCO^*$	1.25	0.75	i258	0.29	−0.79	i275
$OOCO^* \longrightarrow O^* + CO_2^{gas}$	0.49	−2.68	i1288	0.93	−3.01	i899

① * 和 gas 分别表示吸附物质和气相分子。

对于 COOR 的 ER 机理，第一阶段是气相 CO 分子与吸附氧相互作用生成 O^* 和 CO_2^{gas}（$O_2^* + CO^{gas} \longrightarrow O^* + CO_2^{gas}$，注：gas 表示气相分子）。这一阶段在 Ru-N$_4$-C$_{54}$ ［图 4.13（a）］ 和 Ru-N$_4$-C$_{64}$ ［图 4.13（e）］ 上的放热反应能分别高达 3.18eV 和 3.67eV。然而，$O_2^* + CO^{gas} \longrightarrow O^* + CO_2^{gas}$ 在 Ru-N$_4$-C$_{54}$（1.09eV）和 Ru-N$_4$-C$_{64}$（0.88eV）上的活化能却高于 O_2^* 在 Ru-N$_4$-C$_{54}$（1.04eV）和 Ru-N$_4$-C$_{64}$（0.62eV）上的解吸能，这表明两种催化剂上进行 ER 机理的第一阶段都是不利的。ER 机理第一阶段形成的 CO_2 分子在 Ru-N$_4$-C$_{54}$（0.13eV）和 Ru-N$_4$-C$_{64}$（0.12eV）上的解吸能都非常小，因此形成的 CO_2 分子会立即与催化剂分离。ER 机理的第二阶段是气相中的 CO 分子继续进攻 Ru 位点上剩余的 O^*，进而形成第二个 CO_2 分子（$O^* + CO^{gas} \longrightarrow CO_2^{gas}$）。这一阶段在 Ru-N$_4$-C$_{54}$ ［图 4.13（b）］ 和 Ru-N$_4$-C$_{64}$ ［图 4.13（f）］ 上的放热反应能分别为 1.63eV 和 1.59eV，活化能分别为 0.77eV 和 0.84eV，远小于 O^* 在 Ru-N$_4$-C$_{54}$（6.75eV）和 Ru-N$_4$-C$_{64}$（6.83eV）上的解吸能。可以看到，Ru-N$_4$-C$_{54}$ 和 Ru-N$_4$-C$_{64}$ 上进行 ER 机理的第二阶段在热力学和动力学上都是有利的。生成的 CO_2 分子与 Ru-N$_4$-C$_{54}$（$E_{ads} = −0.13$eV）和 Ru-N$_4$-C$_{64}$（$E_{ads} = −0.17$eV）的相互作用都很弱，所以很容易从催化剂上释放。

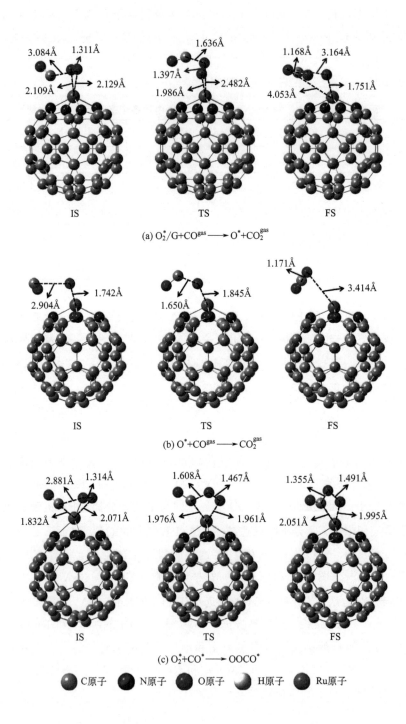

(a) $O_2^*/G+CO^{gas} \longrightarrow O^*+CO_2^{gas}$

(b) $O^*+CO^{gas} \longrightarrow CO_2^{gas}$

(c) $O_2^*+CO^* \longrightarrow OOCO^*$

● C原子　● N原子　● O原子　○ H原子　● Ru原子

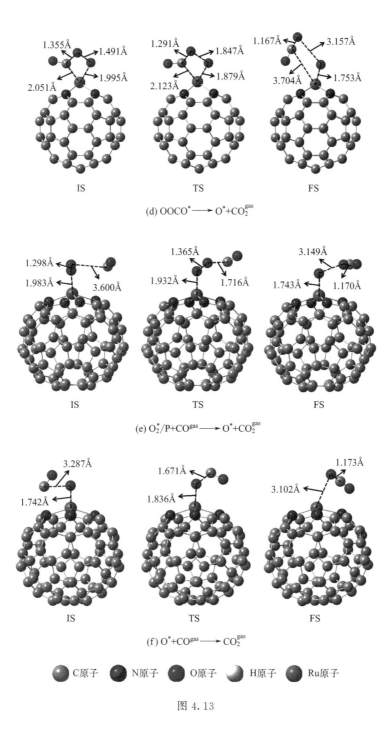

(d) $OOCO^* \longrightarrow O^* + CO_2^{gas}$

(e) $O_2^*/P + CO^{gas} \longrightarrow O^* + CO_2^{gas}$

(f) $O^* + CO^{gas} \longrightarrow CO_2^{gas}$

● C原子 ● N原子 ● O原子 ◖ H原子 ● Ru原子

图 4.13

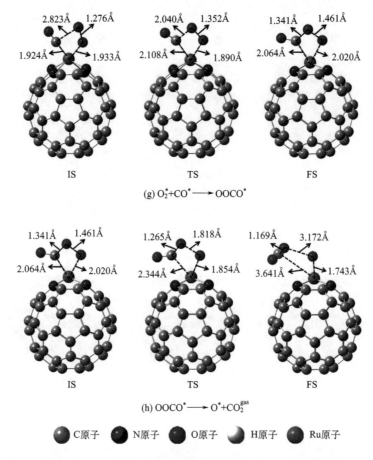

图 4.13 Ru-N_4-C_{54} 和 Ru-N_4-C_{64} 上的 COOR 机理

其中 (a)、(b)、(c) 和 (d) 在 Ru-N_4-C_{54} 上进行，(e)、(f)、(g) 和 (h) 在 Ru-N_4-C_{64} 上进行。＊和 gas 分别表示吸附物质和气相分子，O_2^*/G 和 O_2^*/P 分别指的是 O_2 的 Griffths 和 Pauling 吸附构型

对于 COOR 的 LH 机理，首先是共吸附在催化剂上的 CO^* 和 O_2^* 相互作用形成中间体 $OOCO^*$（$O_2^* + CO^* \longrightarrow OOCO^*$）。这个阶段在 Ru-$N_4$-$C_{54}$ 上［图 4.13(c)］需要 0.75eV 的吸热能，活化能垒为 1.25eV，而在 Ru-N_4-C_{64} 上［图 4.13(g)］进行反应放热 0.79eV，而且活化能垒很小，仅为 0.29eV。反应 $O_2^* + CO^* \longrightarrow OOCO^*$ 在 Ru-N_4-C_{54} 和 Ru-N_4-C_{64}

上的活化能分别小于 CO^* 和 O_2^* 共吸附在 Ru-N_4-C_{54}（2.41eV）和 Ru-N_4-C_{64}（0.68eV）上的解吸能。我们认为，共吸附的 CO^* 和 O_2^* 与催化剂之间结合的强度导致了两种催化剂在该阶段表现出了反应的差异性。随后，催化剂上的中间体 $OOCO^*$ 分解为 O^* 和 CO_2^{gas}（$OOCO^* \longrightarrow O^* + CO_2^{gas}$），该阶段在 Ru-$N_4$-$C_{54}$［图 4.13(d)］和 Ru-$N_4$-$C_{64}$［图 4.13(h)］上的放热能分别为 2.68eV 和 3.01eV，活化能分别为 0.49eV 和 0.93eV，表明中间体 $OOCO^*$ 分解过程在热力学和动力学上都是有利的。分解生成的 CO_2 分子在 Ru-N_4-C_{54} 上的解吸能为 0.10eV，在 Ru-N_4-C_{64} 上为 0.17eV，这些弱的解吸能表明生成的 CO_2 分子可以很容易地从催化剂上离去。最后，Ru 位点剩余的 O^* 通过上述 ER 机理的第二阶段生成第二个 CO_2 分子。

总之，对于 Ru-N_4-C_{54} 和 Ru-N_4-C_{64} 上的 COOR，LH 机理相比于 ER 机理是更优的选择。与此同时，相对能量曲线（图 4.14）表明，Ru-N_4-C_{54} 上 LH 机理的 $O_2^* + CO^* \longrightarrow OOCO^*$ 阶段需要爬坡 0.75eV，而 Ru-N_4-C_{64} 上整个 LH 机理的能量变化都是下坡的，这意味着 Ru-N_4-C_{64}

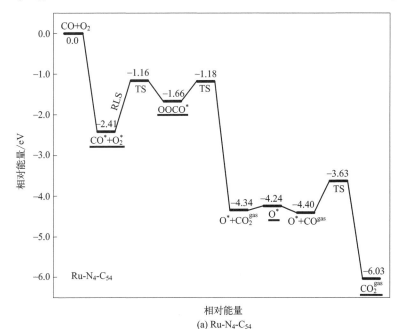

图 4.14

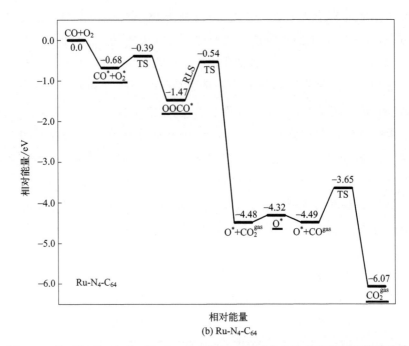

图 4.14 Ru-N$_4$-C$_{54}$ 和 Ru-N$_4$-C$_{64}$ 上 COOR 中更优的 LH 机理的相对能量曲线

速率限制步骤（RLS）已被标记出

上的 LH 机理是正向进行且在热力学上是有利的。此外，LH 机理在 Ru-N$_4$-C$_{54}$ 和 Ru-N$_4$-C$_{64}$ 上的速率限制步骤分别为 OOCO* 的形成阶段以及 OOCO* 的解离阶段，对应的活化能分别是 1.25eV 和 0.93eV。这表明在动力学上，Ru-N$_4$-C$_{64}$ 的 COOR 活性也是优于 Ru-N$_4$-C$_{54}$ 的。因此，Ru-N$_4$-C$_{64}$ 作为一种 COOR 催化剂在热力学和动力学上均具有潜力。

4.4　本章小结

在本章工作中，我们通过 DFT 从热力学和动力学方面系统地研究了 Ru-N$_4$-C$_{54}$ 和 Ru-N$_4$-C$_{64}$ 对 ORR 和 COOR 的催化性能。计算的形成能结果表明 Ru-N$_4$-C$_{54}$ 和 Ru-N$_4$-C$_{64}$ 都是热力学稳定的复合物，HOMO-LUMO 能隙值表明 Ru-N$_4$-C$_{54}$ 的电子通量是大于 Ru-N$_4$-C$_{64}$ 的。Mulliken 电荷显示金属 Ru 位点是催化的活性中心。为了确定 Ru-N$_4$-C$_{54}$ 和 Ru-N$_4$-C$_{64}$ 对 ORR

和 COOR 的催化活性，对比和讨论了 ORR 和 COOR 物种在两种催化剂上的吸附能，以及 ORR 和 COOR 中所涉及的各个基元反应的反应能和活化能垒。我们的研究结果表明，$Ru\text{-}N_4\text{-}C_{54}$ 和 $Ru\text{-}N_4\text{-}C_{64}$ 在热力学和动力学上都表现出了令人满意的 ORR 催化行为。相对能量曲线表明，$Ru\text{-}N_4\text{-}C_{54}$ 和 $Ru\text{-}N_4\text{-}C_{64}$ 上动力学最优的 ORR 路径（$O_2^* \longrightarrow OOH^* \longrightarrow O^* + H_2O^* \longrightarrow OH^* \longrightarrow H_2O^*$）的整个 4e$^-$ 过程是放热的。$Ru\text{-}N_4\text{-}C_{54}$ 和 $Ru\text{-}N_4\text{-}C_{64}$ 上动力学最优的 ORR 路径中速率限制步骤都是 OH^* 的形成阶段，对应的活化能分别为 0.60eV 和 0.40eV，低于 Pt(111) 上的 0.79eV。自由能图曲线分析与动力学结果一致，显示出 $Ru\text{-}N_4\text{-}C_{64}$ 的 ORR 性能优于 $Ru\text{-}N_4\text{-}C_{54}$。此外，我们的研究结果还表明，$Ru\text{-}N_4\text{-}C_{64}$ 在热力学和动力学上都具有更好的 COOR 催化性能。相对能量曲线显示，$Ru\text{-}N_4\text{-}C_{64}$ 上优选的 LH 机理的整个 COOR 过程是放热的，速率限制步骤是 $OOCO^*$ 的解离阶段，其活化能垒为 0.93eV。简而言之，本项研究筛选出两种有希望的 ORR 催化剂（$Ru\text{-}N_4\text{-}C_{54}$ 和 $Ru\text{-}N_4\text{-}C_{64}$），它们的性能优于 Pt(111)，并且还发现了一种潜在的 COOR 催化剂（$Ru\text{-}N_4\text{-}C_{64}$）。这项工作为设计高性能的 ORR 和 COOR 金属-非金属原子共掺杂碳基催化剂提供了新的思路。

第 5 章

过渡金属M和N共掺杂空位富勒烯(M-N_4-C_{64}，M= Fe、Co或Ni)用于氧还原反应的理论研究

5.1 引言

随着工业的不断发展和城市化的扩大，环境污染和能源消耗等问题也日益突出。燃料电池作为最有前景的发电技术之一，有着能量转换效率高，服务寿命长，有害气体排放低等优点[114,154,191,192]。燃料电池阴极上的氧还原反应（ORR）可以通过 $2e^-$ 和 $4e^-$ 路径进行，其中 $4e^-$ 路径直接将 O_2 还原为 H_2O，具有更高的能量转换效率，因此是燃料电池的首选路径[193]。然而，$2e^-$ 路径（涉及形成中间体 H_2O_2 的路径，该路径能量转换效率较低）以及阴极上反应速率缓慢，都制约着燃料电池的放电效率[157,194,195]。目前，铂（Pt）基材料仍然是广泛使用的 ORR 催化剂，但是高昂的价格和稀有性限制了其广泛的应用[155,196]。因此，开发出高性能且成本低的 ORR 电催化剂来替代市面上昂贵的 Pt 基催化剂已成为研究热点。

单原子催化剂，表现出了与传统纳米催化剂所不同的催化活性、选择性以及稳定性[197,198]，这些差异性使得它们在各种能量转换反应中展示出重要的潜在应用前景，例如在析氢反应（HER）[199,200]、二氧化碳还原反应（CO_2RR）[162,201] 以及氧还原反应[202,203] 中的应用。此外，实现单原子催化剂上的单原子分散通常需要合适的载体和掺杂剂[204]。富勒烯，是一种由 sp^2 杂化碳原子和共轭体系组成的中空分子[132]。作为一种来源广泛的非金属材料，富勒烯在生物、储能、热电材料和光电器件等领域都有着广泛的应用[205-208]。此外，富勒烯表面的曲率以及五边形缺陷[209]，使它们成为 ORR 电催化剂有希望的候选者。Vinu 课题组[136] 研发出一种在 130℃ 下制备的聚合介孔富勒烯 C_{60} 材料，该材料在实验表征中显示出了不错的 ORR 活性，这得益于 $680m^2/g$ 的高比表面积以及稳定且导电的 C_{60} 网状结构。随后，Vinu 课题组[137] 继续报道了一种介孔富勒烯 C_{70} 材料，该材料具有有序的介孔结构、优异的导电性和连通性，并进一步表现出了良好的 ORR 性能。然而，开发出与商业 Pt 基催化剂性能相当的富勒烯基 ORR 催化剂仍然是一项挑战。

杂原子掺杂是调节碳基材料的有效手段之一。将杂原子掺杂到碳基体中，不可避免地会导致结构变形，进而改变碳基材料的电子能带结构和导电性能，使其催化活性得到进一步的改善[210]。Chen 等人[150] 通过密度泛函研究发现，相比于原始富勒烯，N 掺杂的富勒烯表现出了更高的 ORR 活性。Wang 等人[48] 通过理论计算研究了一系列非金属原子（N、P、Si、B 和 S）掺杂的富勒烯 C_{60} 对 ORR 的催化活性，计算结果表明 N 掺杂的 C_{60}，可以促进 ORR 过程，是潜在的高效 ORR 催化剂，这已被 Gao 等人[49] 通过实验得到了进一步的证明。

另一方面，为了更好地将金属原子嵌入到衬底，在衬底中引入空位可以改变空位周围的配位环境以及电子结构，使配位不足的缺陷位点充当诱饵，而空位作为陷阱来捕获金属原子[169,211]。过渡金属和杂原子共掺杂在碳基体上催化 ORR 已经在理论和实验上得到了广泛的研究。Lee 等人[172] 合成的铁-类卟啉碳纳米管，表现出了不错的 ORR 活性，这归功于材料中的 $Fe-N_4$ 位点。Fei 等人[212] 通过将单个 Ni 原子嵌入到 N 掺杂石墨烯晶格中的双空位合成的新型材料，表现出了较高的氧析出反应（OER）活性以及稳定性。Chen 等人[213] 通过笼封装前驱体的热解方法将单个 Fe 原子嵌入到掺 N 多孔碳中，复合材料用于催化 ORR 显示出了较好的耐甲醇性和稳定性。近期，Wang 的课题组[214] 以 Fe 掺杂的石墨氮碳化物为模板，通过限制热解策略构建出孤立的 $Fe-N_4$ 位点，用于催化 CO_2RR，大幅度提高了 CO 的选择性并实现了 CO_2 的高效转化。理论计算方面，许多研究也已经证实了金属-类卟啉结构掺杂到碳基材料中作为燃料电池的阴极材料是很有前景的[182,187,215,216]。值得注意的是，Modak 等人[177] 报道的单原子 Co 修饰的类卟啉多孔富勒烯（$Co-C_{24}N_{24}$），作为 ORR 电催化剂进行的是更高效的 $4e^-$ 还原机理。这些研究引起了我们对过渡金属和非金属原子 N 共掺杂在空位富勒烯上用于催化 ORR 性能方面的兴趣，遗憾的是，相关报道较少。因此，我们将过渡金属 M 和非金属原子 N 共掺杂到空位富勒烯中（$M-N_4-C_{64}$，M＝Fe、Co 或 Ni），通过密度泛函理论（DFT）从热力学和动力学角度系统地探究了 $M-N_4-C_{64}$ 对 ORR 的催化性能，筛选出了两种有希望的 ORR 电催化剂（$Fe-N_4-C_{64}$ 和 $Co-N_4-C_{64}$），并确定了催化势能面上的最优反应路径。这项研究为设计与开发燃料电池的阴极材料提供了一些有价值的信息。

5.2 计算方法

所有的计算均使用密度泛函理论（DFT），通过 Accelrys 公司研发的 Materials Studio 软件中的 DMol^3 模块来实现[217]。广义梯度近似（GGA）[177,218] 全电子方法被用来描述交换关联项，对所有的计算我们采用双数值极化（DNP）基组以及 Perdew-Burke-Ernzerhof 泛函。为了确保自洽场（SCF）收敛精度，SCF 收敛到 10^{-6} Ha（1Ha＝27.2114eV），smearing 值设置为 0.005Ha。系统的总能量收敛到 2×10^{-5} Ha，最大力和最大位移分别为 0.004Ha/Å 和 0.005Å。Grimme 提出的色散校正方法（DFT-D）用于描述范德瓦耳斯相互作用[149]。过渡态与初始态之间的能量差为活化能垒（E_a）。

M-N$_4$ 共掺杂在空位富勒烯上的形成能（E_f）[59] 通过下式计算：

$$E_f = E_{catalyst} + 6E_C - (E_{fullerene} + 4E_N + E_M)$$

式中，$E_{catalyst}$ 和 $E_{fullerene}$ 分别是指优化的催化剂（M-N$_4$-C$_{64}$，M＝Fe、Co 或 Ni）和富勒烯 C$_{70}$ 的能量；E_C 和 E_N 分别是 C 原子和 N 原子的能量，对应的为富勒烯中单个 C 原子的能量和 N$_2$ 能量的一半；E_M 为单个金属原子 M 的能量。

吸附能（E_{ads}）[53] 通过下式计算：

$$E_{ads} = E_{adsorbate@catalyst} - (E_{catalyst} + E_{adsorbate})$$

式中，"catalyst" 是指催化剂 M-N$_4$-C$_{64}$（M＝Fe、Co 或 Ni）；$E_{adsorbate@catalyst}$ 是指吸附物与催化剂的总能量；$E_{catalyst}$ 和 $E_{adsorbate}$ 分别指单独的催化剂和单独的吸附物的能量。

5.3 结果与讨论

5.3.1 M-N$_4$-C$_{64}$ 的构型及性质

如图 5.1(a) 所示，为了将 M-N$_4$ 嵌入到富勒烯中，首先去除优化后

C_{70} 中的 1 号和 2 号 C 原子以产生空位。然后，N 原子取代 3、4、5 和 6 号 C 原子，这样，N_4-C_{64} 中的四个吡咯 N 形成了类卟啉缺陷结构，这样的缺陷结构可以很好地固定住金属原子。最后，将金属原子嵌入到空位的中心。Fe-N_4-C_{64}、Co-N_4-C_{64} 和 Ni-N_4-C_{64} 的最稳定态分别为三重态、双重态和单重态，O_2 分子在本项工作中取三重态。Fe-N_4-C_{64}、Co-N_4-C_{64} 和 Ni-N_4-C_{64} 优化得到的最稳定构型如图 5.1(b)、图 5.1(c) 和图 5.1(d) 所示，对应的形成能（E_f）分别为 -3.82eV、-4.11eV 和 -3.43eV，这表明 Fe-N_4-C_{64}、Co-N_4-C_{64} 和 Ni-N_4-C_{64} 都是热力学稳定的复合物。此外，由图 5.1(e)、图 5.1(f) 和图 5.1(g) 中的 Mulliken 电荷可以看出，M-N_4-C_{64}（M=Fe、Co 或 Ni）中的 N 原子显示负电荷，而相邻的 C 原子显示正电荷，这是由于 N 原子的电负性大于 C 原子导致的。Fe、Co 和 Ni 原子的 Mulliken 电荷分别为 $0.664|e|$、$0.483|e|$ 和 $0.540|e|$。由于带正电的位点更有利于氧气分子吸附，因此在这里选择金属原子作为 ORR 的催化活性中心。另一方面，Mulliken 电荷结果表明由金属原子到 N_4-C_{64} 的电荷转移在 Fe-N_4-C_{64} 体系中是最大的。

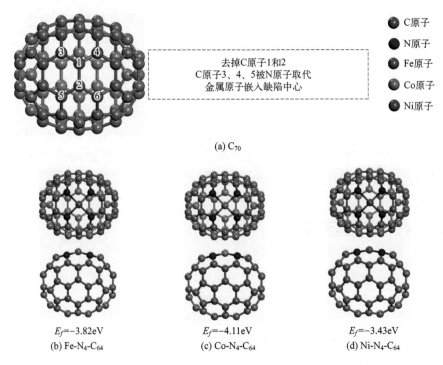

C原子
N原子
Fe原子
Co原子
Ni原子

去掉C原子1和2
C原子3、4、5被N原子取代
金属原子嵌入缺陷中心

(a) C_{70}

E_f=-3.82eV
(b) Fe-N_4-C_{64}

E_f=-4.11eV
(c) Co-N_4-C_{64}

E_f=-3.43eV
(d) Ni-N_4-C_{64}

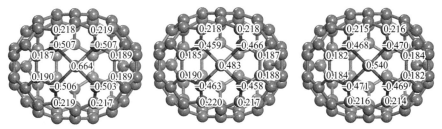

(e) Fe-N₄-C₆₄ Mulliken电荷分布   (f) Co-N₄-C₆₄ Mulliken电荷分布   (g) Ni-N₄-C₆₄ Mulliken电荷分布

图 5.1　C_{70}、Fe-N₄-C₆₄、Co-N₄-C₆₄ 以及 Ni-N₄-C₆₄ 的稳定构型与 Fe-N₄-C₆₄、

Co-N₄-C₆₄ 和 Ni-N₄-C₆₄ 上的 Mulliken 电荷（单位为 $|e|$）分布

5.3.2　M-N₄-C₆₄ 的电子结构分析

在图 5.2(a)、图 5.2(b) 和图 5.2(c) 中，分别显示了 M-N₄-C₆₄（M= Fe、Co 或 Ni）的分波态密度（PDOS），可以看到 C-2p 和 N-2p 轨道在费

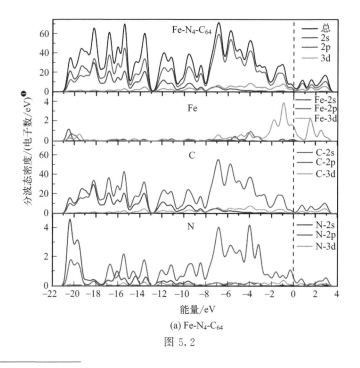

(a) Fe-N₄-C₆₄

图 5.2

---

❶ 该单位描述电子态密度，表示每单位能量范围内有多少电子存在。

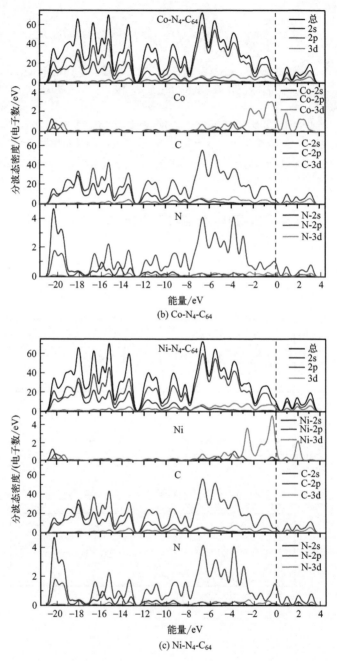

图 5.2 Fe-N₄-C₆₄、Co-N₄-C₆₄ 和 Ni-N₄-C₆₄ 的分波态密度（PDOS）图

米能级以下有着强共振区域，这意味着 C 和 N 之间的相互作用显著。与此同时，PDOS 图显示在 M-N_4-C_{64} 中，费米能级以下 Co-3d 的轨道贡献是最平均的，其次是 Fe-3d，最后是 Ni-3d，这与计算的 M-N_4-C_{64} 的形成能结果一致。此外，−8.0～4eV 范围内，计算 Fe-N_4-C_{64} 的 d-带中心值为 −1.24eV，Co-N_4-C_{64} 的 d-带中心值为 −1.33eV，Ni-N_4-C_{64} 的 d-带中心值为 −1.61eV。这表明 Fe-N_4-C_{64} 与被吸附物之间的相互作用在三者中是最强的，其次是 Co-N_4-C_{64}，最后是 Ni-N_4-C_{64}。这是由于 d-带中心相对于费米能级的上移会使反键轨道更难被填充，成键作用被削弱得就越少，进而使催化剂与吸附物质之间的相互作用越强。

5.3.3 ORR 物质的吸附

ORR 物质在催化剂上的吸附对于 ORR 机理和电催化活性的研究起着重要作用。对 ORR 在 M-N_4-C_{64}（M＝Fe、Co 或 Ni）上所涉及的吸附物质（O_2、OH、OOH、O 和 H_2O）进行了研究。图 5.3 展示了稳定的吸附构型以及相对应的吸附能（E_{ads}）。吸附能结果表明催化剂与吸附物之间相互作用的强弱有以下顺序：Fe-N_4-C_{64}＞Co-N_4-C_{64}＞Ni-N_4-C_{64}，这与 PDOS 分析结果是一致的。作为 ORR 的初始步骤，O_2 分子在催化剂上的吸附可以直观地体现出电催化性能。O_2 分子以 Griffths 构型稳定地吸附在 Fe-N_4-C_{64} 上的 Fe 位点，计算的吸附能为 −0.73eV，吸附后 O—O 键键长为 1.345Å，与孤立的 O_2 分子（1.225Å）相比有所增长。另外，在 Co-N_4-C_{64} 上，O_2 分子以 Pauling 构型稳定地吸附在 Co 位点，计算的吸附能为 −0.57eV，吸附后 O—O 键键长为 1.270Å，与孤立的 O_2 分子（1.225Å）相比略有增加。然而，对于 Ni-N_4-C_{64}，O_2 在其上的吸附能为 0.33eV，吸附能为正值表示 O_2 分子与催化剂之间是未成键的，相当于是孤立的 O_2 分子，这表明 Ni-N_4-C_{64} 充当 ORR 电催化剂是不利的选择。O 原子在 Fe-N_4-C_{64} 和 Co-N_4-C_{64} 上的吸附能分别为 −3.86eV 和 −2.62eV。M-N_4-C_{64} 上的 E_{ads}(OH) 均是大于 E_{ads}(OOH) 的。此外，对于 ORR 产物 H_2O 分子，在 Fe-N_4-C_{64} 上的吸附能为 −0.75eV，在 Co-N_4-C_{64} 上的吸附能为 −0.60eV，在 Ni-N_4-C_{64} 上的吸附能为 −0.23eV。这些较弱的吸附能接近大量水的溶剂化能（约 −0.40eV）[187,188]，因此一

且 H_2O 分子形成，就可以很容易地从催化剂上释放。

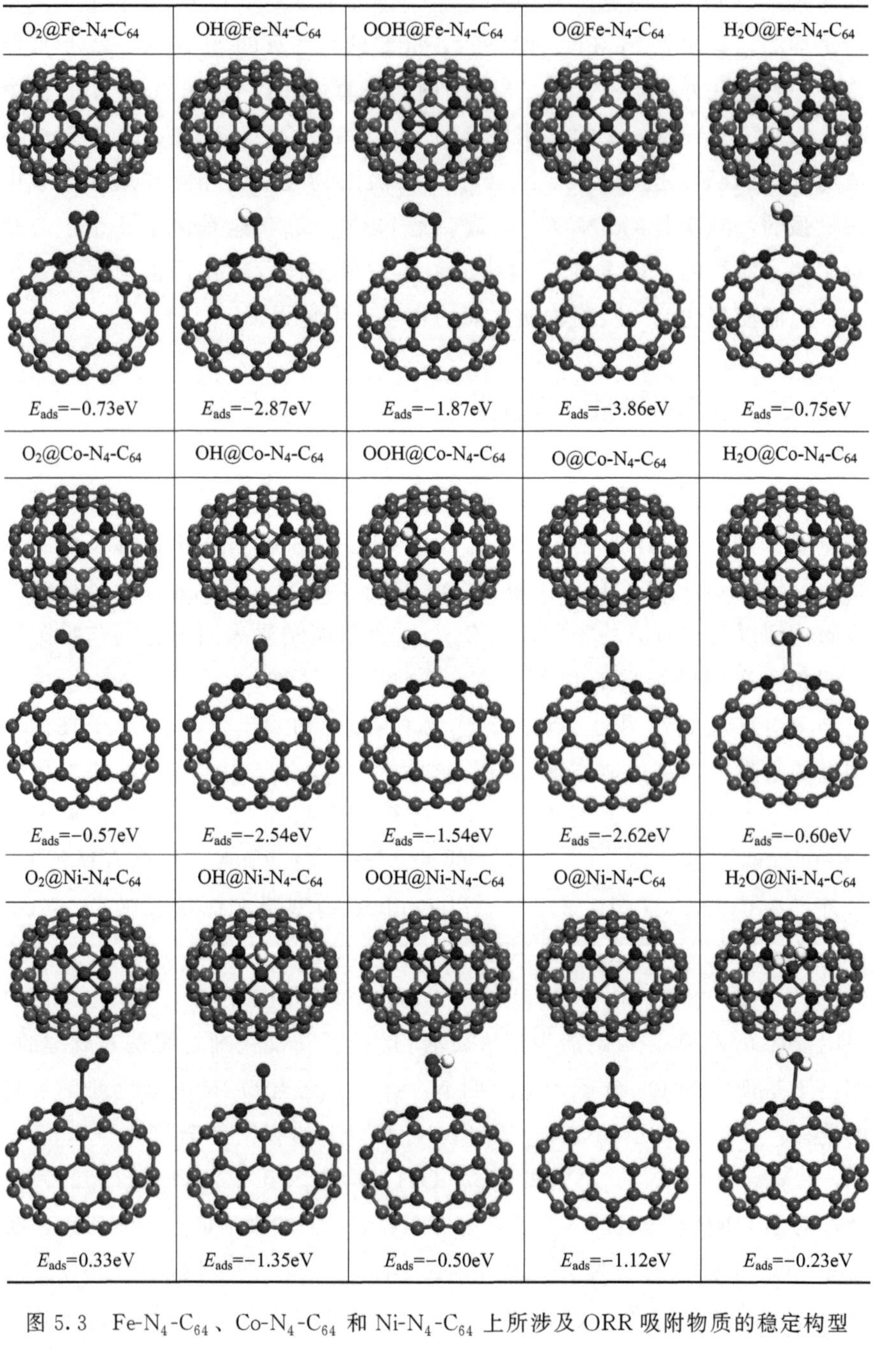

O_2@Fe-N_4-C_{64}	OH@Fe-N_4-C_{64}	OOH@Fe-N_4-C_{64}	O@Fe-N_4-C_{64}	H_2O@Fe-N_4-C_{64}
$E_{ads}=-0.73eV$	$E_{ads}=-2.87eV$	$E_{ads}=-1.87eV$	$E_{ads}=-3.86eV$	$E_{ads}=-0.75eV$
O_2@Co-N_4-C_{64}	OH@Co-N_4-C_{64}	OOH@Co-N_4-C_{64}	O@Co-N_4-C_{64}	H_2O@Co-N_4-C_{64}
$E_{ads}=-0.57eV$	$E_{ads}=-2.54eV$	$E_{ads}=-1.54eV$	$E_{ads}=-2.62eV$	$E_{ads}=-0.60eV$
O_2@Ni-N_4-C_{64}	OH@Ni-N_4-C_{64}	OOH@Ni-N_4-C_{64}	O@Ni-N_4-C_{64}	H_2O@Ni-N_4-C_{64}
$E_{ads}=0.33eV$	$E_{ads}=-1.35eV$	$E_{ads}=-0.50eV$	$E_{ads}=-1.12eV$	$E_{ads}=-0.23eV$

图 5.3　Fe-N_4-C_{64}、Co-N_4-C_{64} 和 Ni-N_4-C_{64} 上所涉及 ORR 吸附物质的稳定构型

5.3.4　M-N$_4$-C$_{64}$ 上的 ORR 机理

M-N$_4$-C$_{64}$（M＝Fe、Co 或 Ni）上的 ORR 机理是复杂的。为了确定这三种催化剂是否可以作为有效的 ORR 电催化剂，接下来对这三个体系中的 ORR 机理进行系统讨论。我们计算了 M-N$_4$-C$_{64}$（M＝Fe、Co 或 Ni）上 ORR 中的各个基元反应的活化能（E_a）、反应能（E_r）以及虚频（v），在表 5.1 中列出。

表 5.1　M-N$_4$-C$_{64}$（M＝Fe、Co 或 Ni）上 ORR 中的各个基元反应的活化能 E_a、反应能 E_r 以及虚频 v

催化剂	反应步骤	E_a/eV	E_r/eV	v/cm^{-1}
Fe-N$_4$-C$_{64}$	$O_2^* \longrightarrow O^* + O^*$	2.25	0.40	i439
	$O_2^* + H^* \longrightarrow OOH^*$	0.06	−0.97	i1514
	$OOH^* + H^* \longrightarrow H_2O_2^*$	2.77	−0.31	i1026
	$OOH^* + H^* \longrightarrow O^* + H_2O^*$	0.32	−1.21	i1355
	$O^* + H^* \longrightarrow OH^*$	0.34	−1.35	i1298
	$OH^* + H^* \longrightarrow H_2O^*$	0.47	−0.60	i1426
Co-N$_4$-C$_{64}$	$O_2^* \longrightarrow O^* + O^*$	2.93	1.46	i561
	$O_2^* + H^* \longrightarrow OOH^*$	0.13	−0.69	i981
	$OOH^* + H^* \longrightarrow H_2O_2^*$	0.80	−0.46	i1469
	$H_2O_2^* \longrightarrow O^* + H_2O^*$	0.33	−0.23	i627
	$OOH^* + H^* \longrightarrow O^* + H_2O^*$	0.78	−0.41	i768
	$O^* + H^* \longrightarrow OH^*$	0.04	−2.10	i918
	$OH^* + H^* \longrightarrow H_2O^*$	0.22	−0.86	i1467
Ni-N$_4$-C$_{64}$	$O_2^* + H^* \longrightarrow OOH^*$	0.08	−0.36	i1102
	$OOH^* + H^* \longrightarrow O^* + H_2O^*$	0.68	0.21	i454

续表

催化剂	反应步骤	E_a/eV	E_r/eV	v/cm^{-1}
Ni-N$_4$-C$_{64}$	$O^* + H^* \longrightarrow OH^*$	3.25	−2.43	i468
	$OH^* + H^* \longrightarrow H_2O^*$	2.97	−1.93	i767

5.3.4.1　Fe-N$_4$-C$_{64}$ 上的 ORR 机理

对 Fe-N$_4$-C$_{64}$ 上完整的 ORR 机理进行了研究，Fe-N$_4$-C$_{64}$ 上所有可能的反应路径已绘制在图 5.4 中，其中点划线代表 Fe-N$_4$-C$_{64}$ 上动力学有利的 ORR 路径。接下来，我们将对 Fe-N$_4$-C$_{64}$ 上 ORR 的基本步骤进行详细讨论。

稳定吸附在 Fe-N$_4$-C$_{64}$ 上的 O$_2$ 分子有两种可能的竞争反应：解离（$O_2^* \longrightarrow O^* + O^*$，* 表示吸附物质）和氢化（$O_2^* + H^* \longrightarrow OOH^*$）。对于 $O_2^* \longrightarrow O^* + O^*$［图 5.5（a）］，该反应需要 0.40eV 的吸热能，并伴有一个很高的活化能垒（2.25eV），这意味着 Fe-N$_4$-C$_{64}$ 上吸附氧的解离过程在热力学和动力学上都是不利的。与之相反，吸附氧在 Fe-N$_4$-C$_{64}$ 上被氢化为 OOH*（$O_2^* + H^* \longrightarrow OOH^*$）在热力学和动力学上都是更可行的。对于 $O_2^* + H^* \longrightarrow OOH^*$，该阶段的放热反应能为 0.97eV，活化能仅为 0.06eV，远低于吸附氧在 Fe-N$_4$-C$_{64}$ 上的解吸能（0.73eV）。过渡态 TS2 中 i1514cm^{-1} 的虚频准确地描述了中间体 OOH* 的形成。氢化反应细节［图 5.5(b)］显示 O—H 键的键长由初始态（IS2）中的 2.233Å 缩短至过渡态（TS2）中的 1.401Å，在最终态（FS2）中为 0.981Å。同时，Fe—O 键的键长由 IS2 中的 1.812Å 缩短至 FS2 中的 1.763Å。中间体 OOH* 以 Pauling 吸附构型与 Fe 原子结合。此外，O—O 键的键长由 IS2 中的 1.335Å 增大到 FS2 中的 1.448Å，这意味着两个 O 原子之间的相互作用减弱了，将作为后续氢化反应的进攻位点。

随后，形成的 OOH* 有两种可能的氢化路径：①H* 进攻与 Fe 原子成键的 O 原子形成 H$_2$O$_2^*$（$OOH^* + H^* \longrightarrow H_2O_2^*$）；②H* 进攻 OOH* 中的羟基氧形成 $O^* + H_2O^*$（$OOH^* + H^* \longrightarrow O^* + H_2O^*$）。

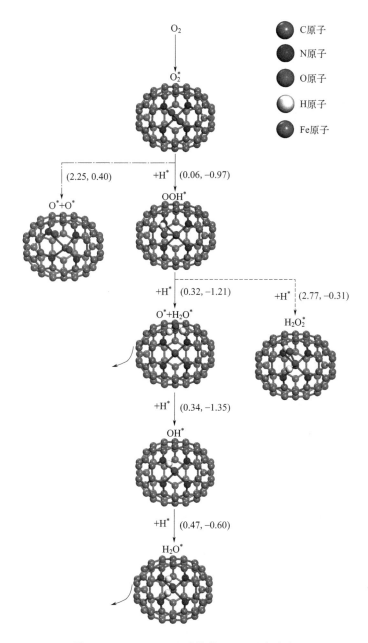

图 5.4　Fe-N$_4$-C$_{64}$ 上可能的 ORR 反应路径

括号中左侧和右侧数值分别为活化能垒

（以 eV 为单位）和反应能（以 eV 为单位）。

* 表示吸附物质

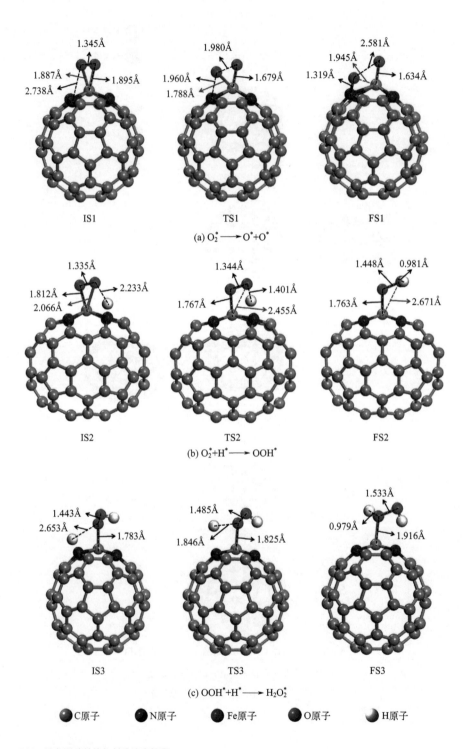

IS1   TS1   FS1

(a) $O_2^* \longrightarrow O^* + O^*$

IS2   TS2   FS2

(b) $O_2^* + H^* \longrightarrow OOH^*$

IS3   TS3   FS3

(c) $OOH^* + H^* \longrightarrow H_2O_2^*$

● C原子   ● N原子   ● Fe原子   ● O原子   ● H原子

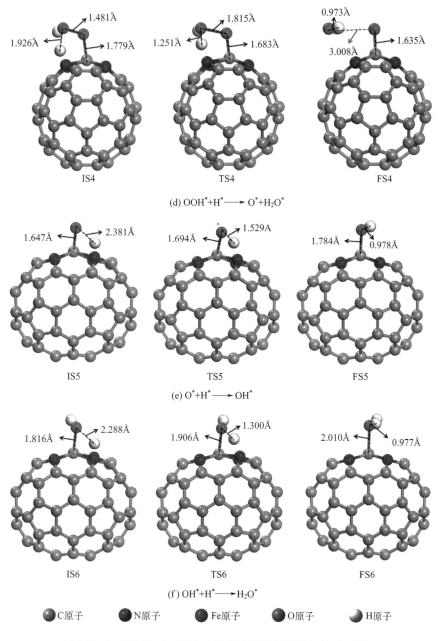

图 5.5 Fe-N$_4$-C$_{64}$ 上 ORR 中的各个基元反应的初始态（IS）、
过渡态（TS）和最终态（FS）的稳定构型

对于 $OOH^* + H^* \longrightarrow H_2O_2^*$［图 5.5(c)］，该反应有极高的活化能垒（2.77eV），表明在 $Fe\text{-}N_4\text{-}C_{64}$ 上生成中间体 $H_2O_2^*$ 的 $2e^-$ 路径在动力学上是不可行的。相比之下，反应②$OOH^* + H^* \longrightarrow O^* + H_2O^*$ 更容易进行，该过程的活化能仅为 0.32eV，并放出 1.21eV 的能量，这表明在动力学和热力学上都是有利的。此外，该阶段的活化能远低于 OOH^* 在 $Fe\text{-}N_4\text{-}C_{64}$ 上的解吸能（1.87eV）。过渡态 TS4 中 $i1355cm^{-1}$ 的虚频准确地描述了第一个 H_2O^* 的形成，生成的 H_2O^* 有着较小的解吸能（0.27eV），可以很容易地从 $Fe\text{-}N_4\text{-}C_{64}$ 上离去。氢化反应细节［图 5.5(d)］显示 Fe—O 键的键长由 IS4 中的 1.779Å 缩短到 FS4 中的 1.635Å，而 O—O 键的键长由 IS4 中的 1.481Å 增加到 FS4 中的 3.008Å，表明 Fe 和 O 之间的相互作用增强了，同时 O—O 键断开了。

第一个 H_2O^* 解吸后，停留在 Fe 位点的 O^* 连续氢化生成第二个 H_2O^*，即 $O^* + H^* \longrightarrow OH^*$ 和 $OH^* + H^* \longrightarrow H_2O^*$。前者的放热反应能很大，为 1.35eV，此外，还伴有一个 0.34eV 的低活化能垒，明显低于 O^* 在 $Fe\text{-}N_4\text{-}C_{64}$ 上的解吸能（3.86eV）。氢化反应细节［图 5.5(e)］显示 O—H 键的键长由 IS5 中的 2.381Å 减小到 FS5 中的 0.978Å。而在 TS5 中，Fe—O 键的倾斜可以很好地促进 OH^* 的形成。Fe—O 键的键长由 IS5 中的 1.647Å 增加到 FS5 中的 1.784Å，表明随着 OH^* 的形成，Fe 和 O 之间的相互作用是减弱的。然后停留在 Fe 位点的 OH^* 进行 $4e^-$ 路径的最后一步（$OH^* + H^* \longrightarrow H_2O^*$），该阶段的放热反应能为 0.60eV，同时还伴有一个 0.47eV 的低活化能垒，明显低于 OH^* 在 $Fe\text{-}N_4\text{-}C_{64}$ 上的解吸能（2.87eV）。氢化反应细节［图 5.5(f)］显示 Fe—O 键的键长从 IS6 中的 1.816Å 延长到 FS6 中的 2.010Å，这意味着 Fe 和 O 之间的相互作用减弱了。生成的 H_2O^* 需要 0.75eV 的能量即可从催化剂上离去。过渡态 TS5 和 TS6 的虚频分别为 $i1298cm^{-1}$ 和 $i1426cm^{-1}$，准确地描述了 OH^* 和第二个 H_2O^* 分子的形成。

5.3.4.2　$Co\text{-}N_4\text{-}C_{64}$ 上的 ORR 机理

对 $Co\text{-}N_4\text{-}C_{64}$ 上完整的 ORR 机理进行了研究，$Co\text{-}N_4\text{-}C_{64}$ 上所有可能的反应路径已绘制在图 5.6 中，其中实线和虚线代表 $Co\text{-}N_4\text{-}C_{64}$ 上两条

动力学有利的 ORR 路径。接下来，我们将对 Co-N$_4$-C$_{64}$ 上 ORR 的基本
步骤进行详细讨论。

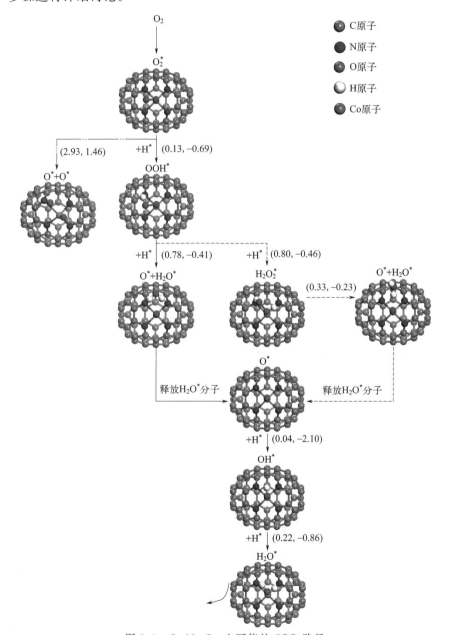

图 5.6　Co-N$_4$-C$_{64}$ 上可能的 ORR 路径

括号中左侧和右侧数值分别为活化能垒（以 eV 为单位）和反应能（以 eV 为单位）。＊表示吸附物质

稳定吸附在 Co-N$_4$-C$_{64}$ 上的 O$_2$ 分子有两种可能的竞争反应：解离（O$_2^*$ ⟶ O* + O*）和氢化（O$_2^*$ + H* ⟶ OOH*）。对于 O$_2^*$ ⟶ O* + O* [图 5.7(a)]，该反应需要一个较高的吸热反应能（1.46eV），并伴有一个很高的活化能垒（2.93eV），这意味着在 Co-N$_4$-C$_{64}$ 上吸附氧的解离过程在热力学和动力学上都是不利的。相反，吸附氧在 Co-N$_4$-C$_{64}$ 上被氢化为 OOH*（O$_2^*$ + H* ⟶ OOH*）在热力学和动力学上都是更可行的。对于 *O$_2$ + H* ⟶ OOH*，该过程的放热反应能为 0.69eV，活化能仅为 0.13eV，低于 O$_2^*$ 在 Co-N$_4$-C$_{64}$ 上的解吸能（0.57eV）。过渡态 TS8 的虚频为 i981cm^{-1}。氢化反应细节 [图 5.7(b)] 显示 O—H 键的键长由 IS8 中的 1.993Å 减小至 TS8 中的 1.356Å，在 FS8 中为 0.982Å。同时，Co—O

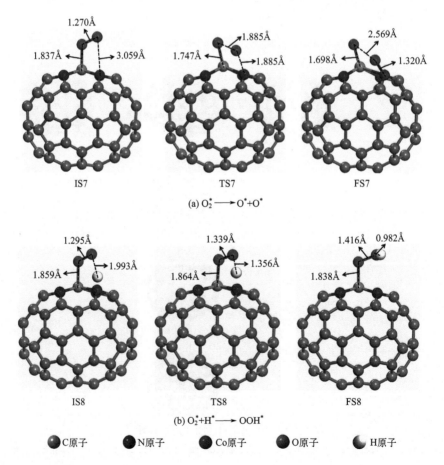

IS7 TS7 FS7

(a) O$_2^*$ ⟶ O* + O*

IS8 TS8 FS8

(b) O$_2^*$ + H* ⟶ OOH*

● C原子　● N原子　● Co原子　● O原子　◐ H原子

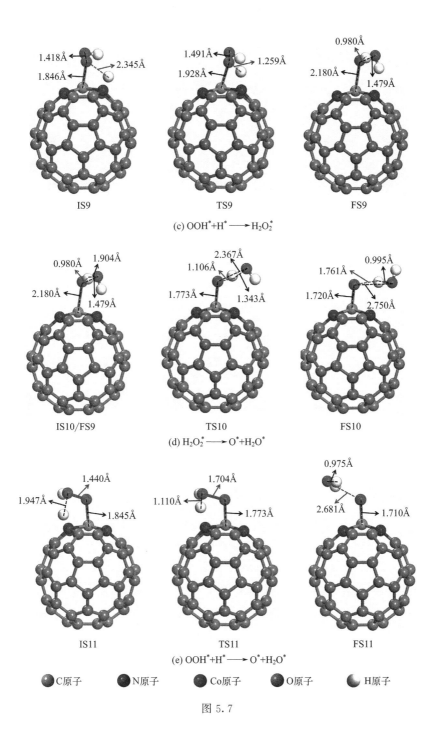

IS9   TS9   FS9

(c) OOH*+H* ⟶ H$_2$O$_2^*$

IS10/FS9   TS10   FS10

(d) H$_2$O$_2^*$ ⟶ O*+H$_2$O*

IS11   TS11   FS11

(e) OOH*+H* ⟶ O*+H$_2$O*

● C原子   ● N原子   ● Co原子   ● O原子   ● H原子

图 5.7

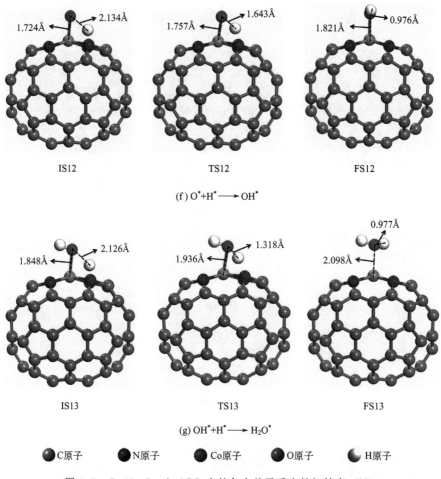

图 5.7　Co-N$_4$-C$_{64}$ 上 ORR 中的各个基元反应的初始态（IS）、
过渡态（TS）和最终态（FS）的稳定构型

键的键长由 IS8 中的 1.859Å 缩短至 FS8 中的 1.838Å，而 O—O 键的键
长由 IS8 中的 1.295Å 增长至 FS8 中的 1.416Å，表明 Co 和 O 之间的相互
作用增强了，而 O 和 O 之间的相互作用减弱了，作为后续氢化反应的进
攻位点。

　　随后，形成的 OOH* 有两种可能的氢化路径：①H* 进攻与 Co 原子
成键的 O 形成 H$_2$O$_2^*$（OOH*＋H*——→H$_2$O$_2^*$）；②H* 进攻 OOH* 中

的羟基氧形成 O^* 和 H_2O^*（$OOH^* + H^* \longrightarrow O^* + H_2O^*$）。

对于反应①$OOH^* + H^* \longrightarrow H_2O_2^*$，在 $Co\text{-}N_4\text{-}C_{64}$ 上的放热能为 0.46eV，并伴有一个 0.80eV 的活化能垒，这低于 OOH^* 在 $Co\text{-}N_4\text{-}C_{64}$ 上（1.54eV）的解吸能。氢化反应细节［图 5.7(c)］显示 H^* 进攻与 Co 原子相连的 O，O—H 键的键长由 IS9 中的 2.345Å 减小至 FS9 中的 0.980Å。同时，Co—O 键的键长由 IS9 中的 1.846Å 增加至 FS9 中的 2.180Å。生成的 H_2O_2 以 −0.70eV 的吸附能吸附在 Co 位点上。随后 $H_2O_2^*$ 立即解离为 O^* 和 H_2O^*（$H_2O_2^* \longrightarrow O^* + H_2O^*$），解离过程的放热能为 0.23eV，活化能垒为 0.33eV，这意味着在 $Co\text{-}N_4\text{-}C_{64}$ 上 $H_2O_2^*$ 的解离过程在热力学和动力学上都是可行的。此外，解离反应所需要跨过的活化能垒（0.33eV）低于 $H_2O_2^*$ 在 $Co\text{-}N_4\text{-}C_{64}$ 上的解吸能（0.70eV）。可以看出，尽管 $Co\text{-}N_4\text{-}C_{64}$ 上生成 $H_2O_2^*$ 的 $2e^-$ 路径是可行的，但是 $H_2O_2^*$ 在热力学和动力学的支持下会立即分解为 O^* 和 H_2O^*，因此 $Co\text{-}N_4\text{-}C_{64}$ 上将继续进行更有利的 $4e^-$ 还原路径。分解反应细节［图 5.7(d)］显示，与 Co 原子相连的 O 上的 H 转移到了相邻的羟基氧上，进而生成了第一个 H_2O^*，生成的 H_2O^* 只需要 0.43eV 的能量即可从 $Co\text{-}N_4\text{-}C_{64}$ 上离去。同时，Co—O 键的键长由 IS10/FS9 中的 2.180Å 缩短至 FS10 中的 1.720Å，而 O—O 键的键长由 IS10 的 1.479Å 增长至 FS10 中的 2.750Å，表明 Co 和 O 之间的相互作用增强，同时 O—O 键断裂。过渡态 TS9 和 TS10 的虚频分别为 i1469cm^{-1} 和 i627cm^{-1}，准确地描述了 $H_2O_2^*$ 形成和解离过程。

对于反应②$OOH^* + H^* \longrightarrow O^* + H_2O^*$，在 $Co\text{-}N_4\text{-}C_{64}$ 上的放热能为 0.41eV，并伴有一个 0.78eV 的活化能垒，这低于 OOH^* 在 $Co\text{-}N_4\text{-}C_{64}$ 上的解吸能（1.54eV）。过渡态 TS11 中 i768cm^{-1} 的虚频准确地描述了第一个 H_2O^* 的形成，生成的 H_2O^* 仅需要 0.26eV 的能量即可从 $Co\text{-}N_4\text{-}C_{64}$ 上离去。氢化反应细节［图 5.7(e)］显示 Co—O 键的键长由 IS11 中的 1.845Å 缩短至 FS11 中的 1.710Å，而 O—O 键的键长由 IS11 中的 1.440Å 增长至 FS11 中的 2.681Å。

以上结果表明，对于中间体 OOH^*，无论先被氢化为 $H_2O_2^*$，再分

解为 $O^* + H_2O^*$，还是 OOH^* 直接被氢化为 $O^* + H_2O^*$，都是可行的 ORR 路径。

第一个 H_2O^* 解吸后，停留在 Co 位点上的 O^* 连续氢化生成第二个 H_2O^*，即 $O^* + H^* \longrightarrow OH^*$ 和 $OH^* + H^* \longrightarrow H_2O^*$。前者反应的放热能高达 2.10eV，并伴有一个非常低的活化能垒（0.04eV），远小于 O^* 在 $Co-N_4-C_{64}$ 上的解吸能（2.62eV）。氢化反应细节［图 5.7(f)］显示 O—H 键的键长由 IS12 中的 2.134Å 减小至 FS12 中的 0.976Å，而 Co—O 键的键长由 IS12 中的 1.724Å 延长至 FS12 中的 1.821Å，这表明 Co—O 键之间的相互作用随着 OH^* 的形成是减弱的。生成的 OH^* 进行 $4e^-$ 路径的最后一步（$OH^* + H^* \longrightarrow H_2O^*$），该过程的放热反应能为 0.86eV，活化能垒极低，仅为 0.22eV，明显低于 OH^* 在 $Co-N_4-$$C_{64}$ 上的解吸能（2.54eV）。氢化反应细节［图 5.7(g)］显示 Co—O 键的键长由 IS13 中的 1.848Å 延长至 FS13 中的 2.098Å，这表明 Co—O 键之间的相互作用是减弱的，生成的 H_2O^* 需要 0.60eV 的能量即可从 $Co-N_4-C_{64}$ 上离去。过渡态 TS12 和 TS13 的虚频分别为 $i918cm^{-1}$ 和 $i1467cm^{-1}$，准确地描述了 OH^* 和第二个 H_2O^* 分子的形成。

5.3.4.3 $Ni-N_4-C_{64}$ 上的 ORR 机理

对 $Ni-N_4-C_{64}$ 上的 ORR 机理也进行了讨论。首先，O_2 在 $Ni-N_4-C_{64}$ 上为正值的吸附能（0.33eV）已表明 $Ni-N_4-C_{64}$ 不是理想的 ORR 催化剂。图 5.8 展示的是 $Ni-N_4-C_{64}$ 上 ORR 的 $4e^-$ 路径，$Ni-N_4-C_{64}$ 上的 O_2^* 首先被氢化为 OOH^*，然后继续氢化生成 O^* 和 H_2O^*，最后停留在 Ni 位点上的 O^* 连续氢化生成第二个 H_2O^*。从图 5.8 中可以看出，$OOH^* + H^* \longrightarrow O^* + H_2O^*$ 阶段需要吸热 0.21eV 的能量才能完成。而 $O^* + H^* \longrightarrow OH^*$（3.25eV）和 $OH^* + H^* \longrightarrow H_2O^*$（2.97eV）这两个阶段都需要跨过极高的活化能才能完成。总之，将 $Ni-N_4-C_{64}$ 作为 ORR 催化剂并非理想之选。

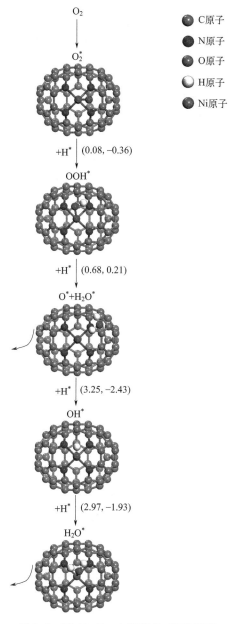

O_2

O_2^*

C原子
N原子
O原子
H原子
Ni原子

+H* | (0.08, −0.36)

OOH^*

+H* | (0.68, 0.21)

$O^*+H_2O^*$

+H* | (3.25, −2.43)

OH^*

+H* | (2.97, −1.93)

H_2O^*

图 5.8　Ni-N_4-C_{64} 上可能的 ORR 路径

括号中左侧和右侧数值分别为活化能垒
（以 eV 为单位）和反应能（以 eV 为
单位）。*表示吸附物质

5.3.5 势能面 (PES)和相对能量曲线

相对能量曲线可作为评估 M-N_4-C_{64}(M＝Fe、Co 或 Ni) ORR 活性的有效方法。图 5.9(a)、图 5.9(b) 和图 5.9(c) 中分别绘制了 Fe-N_4-C_{64}、Co-N_4-C_{64} 和 Ni-N_4-C_{64} 上 ORR 可能路径的相对能量曲线。虚线表示的是 $O_2^* \longrightarrow O^* + O^*$ 阶段。点划线在图 5.9(a) 中表示的是 Fe-N_4-C_{64} 上 $OOH^* + H^* \longrightarrow H_2O_2^*$ 阶段，在图 5.9(b) 中表示的是 Co-N_4-C_{64} 上 $OOH^* + H^* \longrightarrow H_2O_2^*$ 和 $H_2O_2^* \longrightarrow O^* + H_2O^*$ 这两个阶段。实线在图 5.9 中均表示的是 $4e^-$ 还原路径，即 $O_2^* \longrightarrow OOH^* \longrightarrow O^* + H_2O^* \longrightarrow OH^* \longrightarrow H_2O^*$。在图 5.9(a) 中，实线为 Fe-$N_4$-$C_{64}$ 上动力学有利的 ORR 路径，其速率限制步骤是 $OH^* + H^* \longrightarrow H_2O^*$ 阶段，活化能垒为 $0.47eV$。可以看到，Fe-N_4-C_{64} 上动力学有利的 ORR 路径的能量变化都是下坡的，这表明整个 $4e^-$ 过程是正向进行且在热力学上是有利的。

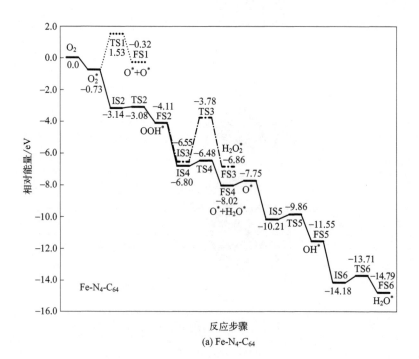

(a) Fe-N_4-C_{64}

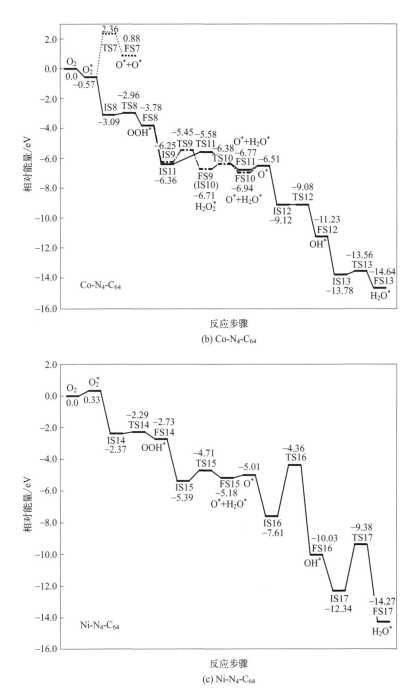

图 5.9 Fe-N_4-C_{64}、Co-N_4-C_{64} 和 Ni-N_4-C_{64} 上 ORR 可能路径的相对能量曲线

Co-N_4-C_{64} 可以通过实线和点划线两条动力学有利路径促进 ORR 过程 [图 5.9(b)]。Co-N_4-C_{64} 上实线路径的速率限制步骤为 $OOH^* + H^* \longrightarrow O^* + H_2O^*$ 阶段，活化能垒为 0.78eV。点划线路径的速率限制步骤为 $OOH^* + H^* \longrightarrow H_2O_2^*$ 阶段，活化能垒为 0.80eV。Co-N_4-C_{64} 上两条有利的 ORR 路径的能量变化都是下坡的，表明这两条 ORR 路径是正向进行且在热力学上是有利的。与此同时，图 5.9(c) 直观地显示了在 Ni-N_4-C_{64} 上，$O^* + H^* \longrightarrow OH^*$ 和 $OH^* + H^* \longrightarrow H_2O^*$ 这两个阶段都有极高的活化能垒，表明 Ni-N_4-C_{64} 并不是理想的 ORR 催化剂。

5.4 本章小结

在本项工作中，我们利用 DFT 系统地研究了将过渡金属 M 和杂原子 N_4 共掺杂到空位富勒烯（M-N_4-C_{64}，M＝Fe，Co 或 Ni）作为一种新型的非贵金属 ORR 电催化剂的可行性。计算的形成能表明 Fe-N_4-C_{64}、Co-N_4-C_{64} 和 Ni-N_4-C_{64} 都是热力学稳定的复合物。Mulliken 电荷显示金属位点是 ORR 催化的活性中心，同时表明由金属原子到 N_4-C_{64} 的电荷转移在 Fe-N_4-C_{64} 上是最大的。d-带中心分析表明 Fe-N_4-C_{64} 与被吸附物之间的相互作用在三者中是最强的，其次是 Co-N_4-C_{64}，最后是 Ni-N_4-C_{64}，这与计算的吸附能的结果是一致的。通过对比 ORR 物质在 M-N_4-C_{64} 上的吸附能，以及 ORR 中所有可能路径中各个基元反应的反应能和活化能垒，筛选出了两种有希望的 ORR 电催化剂（Fe-N_4-C_{64} 和 Co-N_4-C_{64}）。同时，确定了 Fe-N_4-C_{64} 和 Co-N_4-C_{64} 上动力学有利的 ORR 路径，这两种催化剂上进行的都是高效的 $4e^-$ 还原路径。对于 Fe-N_4-C_{64}，动力学有利的 ORR 路径为：O_2^* 氢化形成的中间体 OOH^* 继续氢化为 $O^* + H_2O^*$，随后停留在 Fe 位点上的 O^* 连续氢化生成 H_2O^*。该路径在 Fe-N_4-C_{64} 上的速率限制步骤是 $OH^* + H^* \longrightarrow H_2O^*$ 阶段，活化能垒为 0.47eV。对于 Co-N_4-C_{64}，动力学有利的 ORR 路径有两条：由 O_2^* 氢化形成的 OOH^*，可直接氢化为 $O^* + H_2O^*$，也可以先被氢化为 $H_2O_2^*$，再分解为 $O^* + H_2O^*$，最后停留在 Co 位点上的 O^* 连续氢化生成 H_2O^*。

Co-N$_4$-C$_{64}$ 上这两条有利的 ORR 路径的速率限制步骤均为中间体 OOH* 的氢化阶段，即 OOH*＋H* ⟶ O*＋H$_2$O* 和 OOH*＋H* ⟶ H$_2$O$_2^*$，对应的活化能分别为 0.78eV 和 0.80eV。相对能量曲线图直观地显示出 Fe-N$_4$-C$_{64}$ 和 Co-N$_4$-C$_{64}$ 上动力学有利的 ORR 路径的能量变化都是下坡的，这意味着 4e$^-$ 还原过程在 Fe-N$_4$-C$_{64}$ 和 Co-N$_4$-C$_{64}$ 中是正向进行且在热力学上是有利的。总之，本项研究确定了两种有前景的 ORR 电催化剂：Fe-N$_4$-C$_{64}$ 和 Co-N$_4$-C$_{64}$，为 ORR 金属-非金属原子共掺杂碳基催化剂的开发提供了一些借鉴与参考。

第 **6** 章

铁原子掺杂石墨氮碳化物作为氧还原电催化剂的理论研究

6.1 引言

燃料电池由于具有来源广泛、发电效率高、有害气体排放低等优点，被认为是最有前途的发电技术之一[43,153,219,220]。然而，阴极上动力学缓慢的氧还原反应（ORR）却极大地阻碍了燃料电池的能量转换效率并限制了其大规模的商业应用[221,222]。设计出价格低廉、耐用且具有较高催化活性的阴极催化剂来替代常见的铂（Pt）基材料一直都是一项挑战[223,224]。近年来，单原子催化剂作为一类新的催化模型，以较高的原子利用率以及因强金属-载体相互作用导致的异常独特的化学、物理和电子特性受到了广泛的关注[32,225,226]。将单原子催化剂应用到电极中可以提高燃料电池的电催化效率，在很大程度上满足上述要求，成为推动 ORR 过程的高效催化剂[227,228]。

实现催化剂上的单原子分散通常需要合适的载体和掺杂剂[204]。金属氧化物可以有效地避免负载金属原子的团聚，因此可以作为单原子催化的载体。例如，掺杂单个 Ag 原子的 Hollandite-型氧化锰纳米棒[229] 或负载单个 Ag 位点的钛氧簇[230]，这些合成出来的新材料在实验测试中都表现出了不错的催化行为。然而，掺杂的金属原子会被载体上的氧给氧化，从而导致催化效率降低[231]。石墨碳氮化物（g-C$_3$N$_4$）是一种稳定且易于制备的二维聚合物材料，具有适当的孔洞可用于捕获金属原子，作为单原子催化剂的载体是具有潜力的[232]。

g-C$_3$N$_4$ 作为经济型非金属催化剂，凭借其良好的光、热稳定性以及组成元素的丰富性，已广泛用于光催化析氢[233,234]、光催化降解污染物[235,236]、传感以及成像[237,238] 等研究领域。此外，g-C$_3$N$_4$ 上的高氮含量和大量的反应活性位点，使其具备在燃料电池中充当阴极材料的潜质[239]。由于 N 原子的电负性是大于 C 原子的，因此相邻 C 原子上呈现正电荷密度，这有利于 ORR 催化[240]。然而，从实际应用的角度来看，g-C$_3$N$_4$ 的 ORR 催化活性仍需进一步提高。众所周知，掺杂策略是调节碳基材料内在性质的有效手段[241,242]。在过去的几年中，研究人员致力于将孤立的金属原子或金属簇负载在 g-C$_3$N$_4$ 上以制备高性能的多相催化剂。g-C$_3$N$_4$ 作为载体可以为掺杂剂提供多个反应活性位点，并且能有效地避免掺杂的金属原子被载体氧化从而使其保持中性[53]。

　　实验方面，Liu 等人[184] 将 Co 原子掺杂的 g-C$_3$N$_4$ 负载到石墨烯上，电催化测试表明在这个复合材料上，ORR 主要通过 4e$^-$ 路径进行，相比于 Pt/C 有更好的耐用性和耐甲醇能力。Li 和 Ou 的课题组[34,243] 制备了单 Pt 原子掺杂的 g-C$_3$N$_4$，得益于单 Pt 原子对表面陷阱态本征变化诱导，该材料延长了光生电子的寿命，因此对 H$_2$ 还原和 NO 氧化反应均显示出了高效的光催化能力。Vilé 等人[244] 将孤立的 Pd 原子锚定到 g-C$_3$N$_4$ 的 N-配位腔中，用于炔烃和硝基芳烃的三相加氢，显示出了较高的反应活性和产物选择性。此外，Wang 等人[245] 的研究表明金属 Fe 原子可以很容易地掺杂到 g-C$_3$N$_4$ 的空腔中，合成的复合材料 Fe/g-C$_3$N$_4$ 可在多个反应中充当 H$_2$O$_2$ 活化剂。这些研究报道激发我们对于单 Fe 原子掺杂的 g-C$_3$N$_4$ 是否可以作为燃料电池中的阴极催化剂的思考，遗憾的是，相关研究相对较少。在这项研究中，我们在 g-C$_3$N$_4$ 的 N-配位腔中掺入单个 Fe 原子（Fe/g-C$_3$N$_4$），通过密度泛函理论从热力学和动力学角度系统地探究了 Fe/g-C$_3$N$_4$ 对 ORR 的催化性能，确定了 Fe/g-C$_3$N$_4$ 上最优的 ORR 路径，为设计出经济的、高催化活性的燃料电池阴极材料提供了一些理论见解。

6.2　计算方法

　　所有的计算均使用密度泛函理论（DFT），通过 Accelrys 公司研发的 Materials Studio 软件中的 DMol^3 模块实现[217]。所有计算均采用广义梯度近似的 Perdew-Burke-Ernzerhof 泛函（GGA＋PBE）[53,218] 以及 DFT 准内层赝势（DSPP）和双数值极化（DNP）基组。真空区域沿垂直于催化剂表面的方向设置约 18Å，以消除层与层之间的相互作用。系统的总能量收敛到 10^{-5} Ha，最大力和最大位移分别为 0.002Ha/Å 和 0.005Å。同时，为了确保自洽场（SCF）收敛精度，SCF 收敛到 10^{-6} Ha，Smearing 值设置为 0.005Ha。Grimme 提出的色散校正方法（DFT-D）用于描述范德瓦耳斯相互作用[149]。使用完全线性同步转移/二次同步转移（LST/QST）方法搜索过渡结构。过渡结构通过循环搜索路径寻找系统的一个静态点，该静态点只有一个虚频。过渡态和反应物之间的能量差为活化能（E_a）。

吸附能（ΔE_{ads}）[53] 由下式计算所得：

$$\Delta E_{ads} = E_{adsorbate@catalyst} - (E_{catalyst} + E_{adsorbate})$$

式中，"catalyst" 指催化剂 Fe/g-C$_3$N$_4$；$E_{adsorbate@catalyst}$ 指吸附物与催化剂的总能量；$E_{catalyst}$ 和 $E_{adsorbate}$ 分别指单独的催化剂和单独的吸附物的能量。

单 Fe 原子在石墨碳氮化物（g-C$_3$N$_4$）载体上的结合能（E_b）[180] 由下式计算所得：

$$E_b = E_{Fe/g\text{-}C_3N_4} - E_{g\text{-}C_3N_4} - E_{Fe}$$

式中，$E_{Fe/g\text{-}C_3N_4}$ 是单 Fe 原子掺杂 g-C$_3$N$_4$ 的总能量；$E_{g\text{-}C_3N_4}$ 和 E_{Fe} 分别是原始 g-C$_3$N$_4$ 和单个 Fe 原子的能量。

6.3　结果和讨论

6.3.1　g-C$_3$N$_4$、Fe/g-C$_3$N$_4$ 和吸附氧在 Fe/g-C$_3$N$_4$ 上的构型及性质

g-C$_3$N$_4$ 是一种具有 N-配位腔的二维聚合物材料。层与层之间的作用力为范德瓦耳斯力，这与石墨烯的结构类似。g-C$_3$N$_4$ 有两种基本结构：三嗪环结构和 3-s-三嗪环结构。根据 Kroke 等人[246] 的 DFT 计算，3-s-三嗪环结构较三嗪环结构连接而成的 g-C$_3$N$_4$ 具有更稳定的能量。图 6.1（a）显示的是优化的 3-s-三嗪环结构连接而成的 g-C$_3$N$_4$。

g-C$_3$N$_4$ 中的 C 原子和 N 原子通过 sp^2 杂化形成了高度离域的 π-共轭体系及 N-配位腔。图 6.1（b）所示为 g-C$_3$N$_4$ 上的 Mulliken 电荷。可以看出，N 原子显示负电荷，而相邻的 C 原子显示正电荷，这是由于 N 原子的电负性大于 C 原子。如图 6.1（c）所示，Fe/g-C$_3$N$_4$ 中的单 Fe 原子与两个最接近的 N 原子之间的相互作用，其实质是配位键的形成：N 原子

的价电子层结构为 $2s^2 2p^3$，采用 sp^2 杂化；Fe 原子的 dsp^3 杂化轨道接受 N 原子中 sp^2 杂化轨道提供的孤电子对，形成 σ-配位键；同时，Fe 原子中的 d 电子反馈到 $g-C_3N_4$ 中的 π^* 轨道以形成 d-pπ 键，如图 6.1(d) 中 Fe 原子上 $0.466|e|$ 的 Mulliken 电荷所显示的那样。单 Fe 原子掺杂到 $g-C_3N_4$ 载体上的结合能（E_b）计算为 $-4.52\,eV$，较高的结合能保证了掺入的单 Fe 原子的稳定性。

　　与 $g-C_3N_4$ 的平面构型相比，$Fe/g-C_3N_4$ 的构型明显是褶皱的。由电荷分布图 [图 6.1(b)、图 6.1(d)] 可以看到，$Fe/g-C_3N_4$ 中 N 原子的负电荷量相比未掺杂的 $g-C_3N_4$ 有所增加，这意味着 Fe 的掺杂使得 $g-C_3N_4$ 载体表面的电子排斥力增强了，为了减小表面 N 原子之间增大的排斥力，$Fe/g-C_3N_4$ 呈现出褶皱状。这与 Azofra 等人[247] 对平面和波纹 $g-C_3N_4$ 的 DFT 研究结果是一致的。

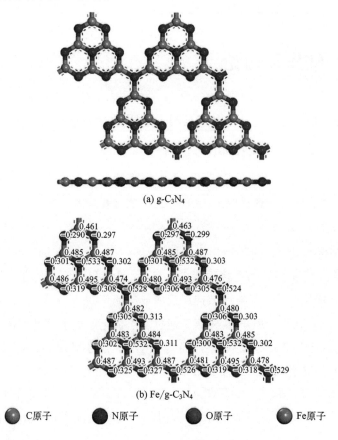

(a) $g-C_3N_4$

(b) $Fe/g-C_3N_4$

C原子　　　　N原子　　　　O原子　　　　Fe原子

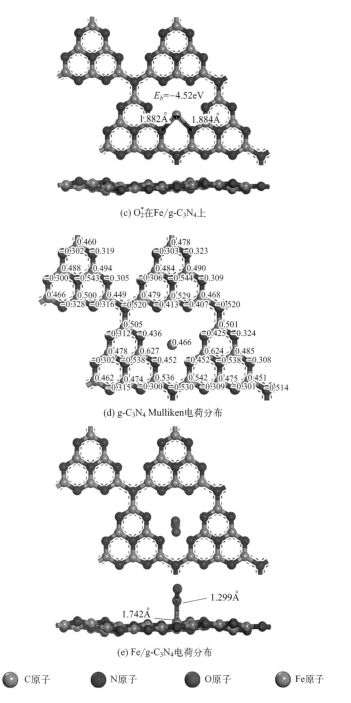

(c) O_2^*在Fe/g-C$_3$N$_4$上

$E_b=-4.52eV$

1.882Å   1.884Å

0.460
0.478
=0.302 =0.319   =0.303 =0.323
0.488 0.494   0.484 0.490
=0.300 =0.543 =0.305   =0.306 =0.544 =0.309
0.466 0.500 0.449   0.479 0.529 0.468
=0.328 =0.316 =0.520   =0.413 =0.407 =0.520
0.505   0.501
=0.312 =0.436   =0.425 =0.324
0.478 0.627   0.466   0.624 0.485
=0.302 =0.538 =0.452   =0.452 =0.538 =0.308
0.462 0.474 0.536   0.542 0.475 0.451
=0.315 =0.300 =0.530   =0.309 =0.301 =0.514

(d) g-C$_3$N$_4$ Mulliken电荷分布

1.299Å

1.742Å

(e) Fe/g-C$_3$N$_4$电荷分布

● C原子   ● N原子   ● O原子   ● Fe原子

图 6.1

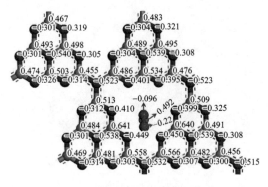

(f) O_2^* 在Fe/g-C₃N₄上的电荷分布

● C原子　　● N原子　　● O原子　　● Fe原子

图 6.1　g-C₃N₄、Fe/g-C₃N₄、O_2^* 在

Fe/g-C₃N₄ 上的优化构型以及 Mulliken 电荷分布

E_b 为单 Fe 原子在 g-C₃N₄ 载体上的结合能

电荷分布单位为 $|e|$

　　氧还原反应的初始步骤是 O_2 在催化剂上的吸附。我们的计算结果表明，O_2 在 Fe/g-C₃N₄ 上最稳定的吸附构型是 Pauling 构型 [图 6.1(e)]，以 $-1.54eV$ 的吸附能与 Fe 原子稳定地结合。Pauling 吸附构型为：O_2 中的一个 O 原子与 Fe 键合，Fe—O 键键长为 1.742Å；另一个 O 原子指向远离催化剂表面的方向，O—O 键键长为 1.299Å，与孤立的氧气分子（1.225Å）相比略长。O 原子的价电子层结构为 $2s^2 2p^4$，O_2 分子采用 sp 杂化，单电子和孤对电子对分别占据了 sp 杂化轨道。与 Fe—N 键的成键类似，Fe 原子的 dsp^3 杂化轨道接受 O 原子中 sp 杂化轨道提供的孤电子对，形成 σ-配位键；同时，Fe 原子中的 d 电子反馈到 O_2 中的 π^* 轨道以形成 d-pπ 键。图 6.1(f) 中的 Mulliken 电荷表明，O_2 吸附后，由于 d-pπ 键的形成，Fe 原子上的正电荷由 $0.466|e|$ 增加到 $0.492|e|$。同时，吸附后 O—O 键的键长相比于孤立的 O_2 分子增大。

6.3.2　g-C₃N₄ 和 Fe/g-C₃N₄ 的电子结构分析

　　态密度（DOS）可以作为一种有效的工具来分析电子分布对催化剂

表面的影响。首先,对未掺杂的 g-C$_3$N$_4$ 和 Fe/g-C$_3$N$_4$ 进行了 DOS 分析 [图 6.2(a)]。

由 DOS 图可以看到,与未掺杂的 g-C$_3$N$_4$ 相比,Fe/g-C$_3$N$_4$ 的带隙消失了,这表明单 Fe 原子的掺杂使得材料的导电能力得到了改善,电子可以更好地在 Fe/g-C$_3$N$_4$ 和吸附物之间转移,进而导致催化性能发生改变。另外,对未掺杂的 g-C$_3$N$_4$ 和 Fe/g-C$_3$N$_4$ 的分波态密度(PDOS)进行了分析 [图 6.2(b) 和图 6.2(c)]。

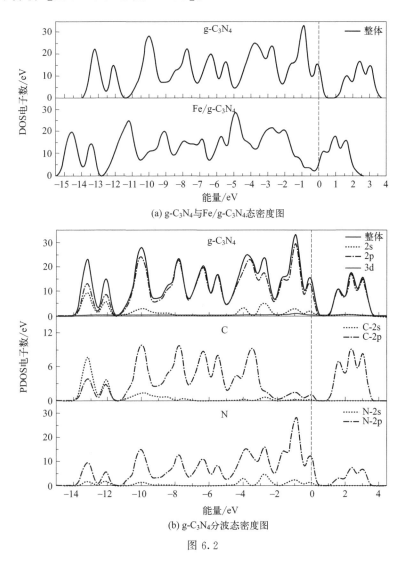

(a) g-C$_3$N$_4$ 与 Fe/g-C$_3$N$_4$ 态密度图

(b) g-C$_3$N$_4$ 分波态密度图

图 6.2

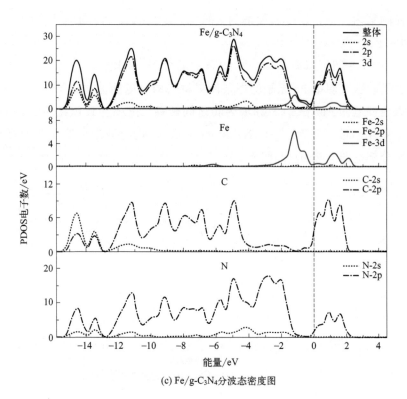

(c) Fe/g-C₃N₄分波态密度图

图 6.2   g-C₃N₄ 和 Fe/g-C₃N₄ 的态密度（DOS）图与 g-C₃N₄、
Fe/g-C₃N₄ 的分波态密度（PDOS）图

　　分析结果表明，在单 Fe 原子掺杂之前，g-C₃N₄ 的导带主要由 C-2p 和 N-2p 轨道构成，而价带主要由 C-2s 和 N-2p 的杂化轨道构成。这归因于 C-N 中的 σ-键，它由 C 和 N 中的 sp² 杂化轨道组成合成。完全共振的态密度峰表明该区域为强成键区域。

　　当 g-C₃N₄ 中掺杂单 Fe 原子时，Fe 的部分 3d 轨道恰好位于 g-C₃N₄ 的带隙中，而 Fe/g-C₃N₄ 的带隙消失，所有价电子都在导带中，材料的导电能力得到了提高。C 和 N 的 PDOS 分析与 g-C₃N₄ 中是一样的，值得注意的是，0～2eV 的部分主要由 Fe-3d 和 N-2p 的杂化轨道构成。Fe-3d 轨道和 N-2p 轨道的态密度峰部分共振，表明体系中 Fe 和 N 之间是成键的。费米能级附近 Fe 原子的 d 电子贡献起到主导作用，使得 Fe 原子容易与其他原子成键。

6.3.3　ORR 物质的吸附和活性位点

对 ORR（O_2^*、O^*、H^*、OH^*、OOH^* 和 H_2O）在 Fe/g-C_3N_4 上所涉及的吸附物质进行了研究。图 6.3 展示了稳定的吸附构型以及相应的吸附能（ΔE_{ads}）。ORR 的初始步为 O_2 在催化剂表面的吸附。我们的研究结果表明，O_2 分子在 Fe/g-C_3N_4 上最稳定的吸附构型为 Pauling 构型，以 $-1.54eV$ 的吸附能稳定地结合在 Fe 位点，其中 Fe—O 键键长为 1.742Å。对于 O 原子的吸附，计算的吸附能为 $-4.49eV$，Fe—O 键键长为 1.627Å，这表明 O 原子与 Fe 原子之间存在强相互作用。$\Delta E_{ads}(OH)$ 是大于 $\Delta E_{ads}(OOH)$ 的。对于吸附在 C 和 Fe 位点上的 H 原子，计算的吸附能分别为 $-2.51eV$ 和 $-2.61eV$，吸附能的微小差异意味着 H 原子吸附在 C 和 Fe 位点上都是可能的。对于 ORR 的预期产物 H_2O 分子，在 C 和 Fe 位点上的吸附能分别为 $-0.28eV$ 和 $-0.79eV$，这些弱的吸附能接近大量水的溶剂化能（约 $-0.40eV$）[187,188]，这意味着 H_2O 分子一旦形成就很容易从催化剂上释放。此外，O_2^*、O^*、OH^*、OOH^* 和 H_2O

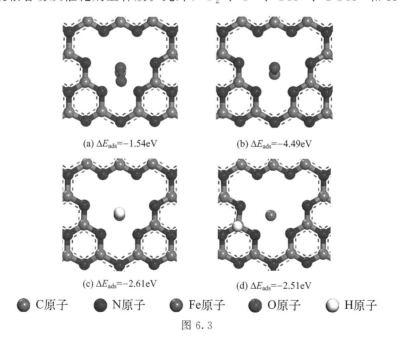

(a) $\Delta E_{ads}=-1.54eV$　　　　　(b) $\Delta E_{ads}=-4.49eV$

(c) $\Delta E_{ads}=-2.61eV$　　　　　(d) $\Delta E_{ads}=-2.51eV$

● C原子　　● N原子　　● Fe原子　　● O原子　　○ H原子

图 6.3

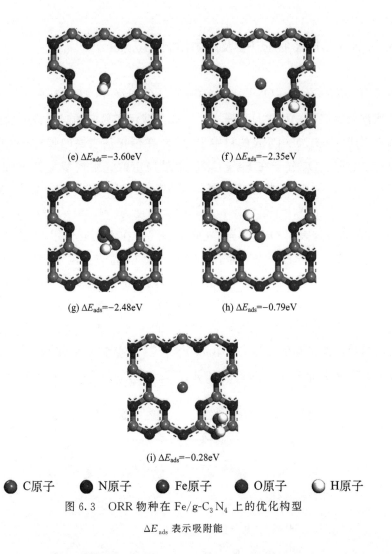

(e) $\Delta E_{ads}=-3.60eV$ (f) $\Delta E_{ads}=-2.35eV$

(g) $\Delta E_{ads}=-2.48eV$ (h) $\Delta E_{ads}=-0.79eV$

(i) $\Delta E_{ads}=-0.28eV$

● C原子   ● N原子   ● Fe原子   ● O原子   ○ H原子

图 6.3   ORR 物种在 $Fe/g\text{-}C_3N_4$ 上的优化构型

ΔE_{ads} 表示吸附能

这些 ORR 物质在 $Fe/g\text{-}C_3N_4$ 中 Fe 位点上的吸附能是大于吸附在 $Pt(111)^{[248]}$ 表面上的,这表明这些 ORR 物质与 $Fe/g\text{-}C_3N_4$ 中 Fe 原子的相互作用是强于与 $Pt(111)$ 表面的。

从表 6.1 中的 Mulliken 电荷可以看出,掺杂单 Fe 原子的 N-配位腔具有 $1.122|e|$ 的净电荷,中间体吸附后显示的净电荷均小于 $1.122|e|$,这表明电荷转移主要发生在掺有 Fe 原子的 N-配位腔的区域内,因此这个区域是 ORR 的催化活性位点。

表 6.1 ORR 物质在 Fe/g-C₃N₄ 上优化构型的吸附能 (ΔE_{ads})、
键长 (d) 以及 Mulliken 电荷 (Q)

项目	$\Delta E_{ads}/eV$	$d_{Fe-O}/Å$	$d_{O-O}/Å$	$Q_{Fe}^{①}/e$	$Q_N^{②}/e$	$Q_C^{③}/e$	$Q_{ads}^{④}/e$	$NC^{⑤}/e$
Fe/g-C₃N₄				0.466	−4.155	4.811		1.122
O₂(Fe)	−1.54	1.742	1.299	0.492	−4.082	4.923	−0.316	1.017
O(Fe)	−4.49	1.627		0.515	−3.981	4.878	−0.429	0.983
H(Fe)⑥	−2.61			0.236	−4.011	4.855	−0.008	1.072
H(C)	−2.51			0.505	−4.213	4.634	0.116	1.042
OH(Fe)	−3.60	1.796		0.530	−4.022	4.841	−0.283	1.066
OH(C)	−2.35	3.288		0.481	−4.114	4.764	−0.103	1.028
OOH	−2.48	1.779	1.469	0.524	−4.036	4.877	−0.293	1.072
H₂O(Fe)	−0.79	2.017		0.502	−4.368	4.836	0.201	1.171
H₂O(C)	−0.28	4.496		0.467	−4.139	4.839	0.017	1.184

① Fe 原子的电荷。
② N 配位腔中 N 原子的总电荷。
③ N 配位腔中 C 原子的总电荷。
④ 吸附物质的电荷。
⑤ NC 是净电荷 ($NC = Q_{Fe} + Q_{N\text{-total}} + Q_{C\text{-total}} + Q_{ads}$)。
⑥ A(B) 表示物质 A 吸附在 B 位点。

6.3.4 吸附氧在 Fe/g-C₃N₄ 上的氢化

通常认为 $H^+ + e^- \longrightarrow H^*$ 这个过程进行得非常快且活化能极低[189]，因此在这项工作中用 H^* 来代替 $H^+ + e^-$（* 表示吸附物质）。

从图 6.1(f) 中的 Mulliken 电荷分布图可以看出，远离 Fe/g-C₃N₄ 表面的 O 原子（$-0.22\,|e|$）比另一个与 Fe 原子成键的 O（$-0.096\,|e|$）带有更多的负电荷。因此 O₂ 被吸附后，远离 Fe/g-C₃N₄ 表面的 O 原子更容易进行氢化反应形成 OOH* 中间体：$O_2^* + H^* \longrightarrow OOH^*$。我们计算了 Fe/g-C₃N₄ 上 ORR 中的各个基元反应的活化能（E_a）、反应能（E_r）以及虚频（v），已在表 6.2 中列出。对于 $O_2^* + H^* \longrightarrow OOH^*$，该反应

的放热反应能为 0.71eV，活化能为 0.81eV，低于 O_2^* 在 Fe/g-C₃N₄ 上的解吸能（1.54eV）。对于形成的 OOH^* 中间体，在 Fe 位点的吸附能为 $-2.48eV$。过渡态 TS1 的虚频为 i1574cm^{-1}。由图 6.4 所示的氢化反应细节图可以看到，O—O 键的键长由初始态 IS1 中的 1.299Å 增加到最终态 FS1 中的 1.469Å，这意味着两个 O 原子之间的相互作用减弱了，将作为后续氢化反应的进攻位点。

表 6.2　Fe/g-C₃N₄ 上 ORR 中的各个基元反应的活化能（E_a）、反应能（E_r）以及虚频（v）

反应步骤	E_a	E_r	v
$O_2^* + H^* \longrightarrow OOH^*$	0.81	−0.71	i1574
$OOH^* + H^* \longrightarrow O^* + H_2O^*$	1.09	−1.78	i1079
$O^* + H^* \longrightarrow OH^*$	0.99	−1.34	i1532
$OH(Fe)^* + H^* \longrightarrow H_2O^*$	1.29	−0.61	i1642
$OOH^* + H^* \longrightarrow OH^* + OH^*$	1.48	−3.07	i1651
$OH^* + OH^* + H^* \longrightarrow OH^* + H_2O^*$	0.78	−1.41	i1253
$OH(C)^* + H^* \longrightarrow H_2O^*$	1.45	0.16	i1141
$OOH^* \longrightarrow O^* + OH^*$	0.79	−1.40	i295
$O^* + OH^* + H^* \longrightarrow OH^* + OH^*$	0.98	−2.02	i1293

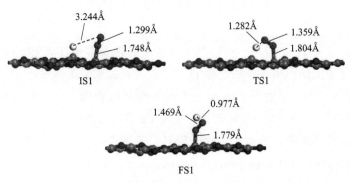

图 6.4　Fe/g-C₃N₄ 上反应 $O_2^* + H^* \longrightarrow OOH^*$ 的初始态（IS）、过渡态（TS）以及最终态（FS）的优化构型

6.3.5　OOH^* 在 Fe/g-C_3N_4 上的 ORR 机理

ORR 过程有很多竞争反应，为了确定 Fe/g-C_3N_4 上的最有利的反应路径，将在以下小节对 Fe/g-C_3N_4 上的 ORR 的基本步骤进行详细讨论。图 6.5 展示了 Fe/g-C_3N_4 上可能的 ORR 路径。

6.3.5.1　OOH^* 的解离和氢化

O_2^* 氢化形成的 OOH^* 的后续反应有两种可能性：解离和氢化。

对于中间体 OOH^* 的解离（$OOH^* \longrightarrow O^* + OH^*$），该过程的放热反应能为 1.40eV，并伴有一个 0.79eV 的活化能垒，远低于 OOH^* 在 Fe/g-C_3N_4 上的解吸能（2.48eV）。过渡态 TS8 的虚频为 i295cm^{-1}。图 6.6(a) 所示的氢化反应细节中，O—O 键的键长由初始态 IS8 中的 1.469Å 增大到最终态 FS8 中的 2.738Å，表明 O—O 键断裂了。同时 Fe—O 键的键长由 IS8 中的 1.779Å 缩短至 FS8 中的 1.659Å。解离生成的 OH 吸附在 C 位点上，而吸附在 Fe 位点的 O 原子被 H^* 进攻，形成另一个 OH（$O^* + OH^* + H^* \longrightarrow OH^* + OH^*$），该过程的放热能为 2.02eV，活化能垒为 0.98eV。图 6.6(b) 所示的氢化反应细节显示，过渡态 TS9 中 Fe—O 键的倾斜可以很好地促进 OH^* 的形成，Fe—O 键的键长由初始态 IS9 中的 1.646Å 增大到最终态 FS9 中的 1.810Å，表明随着 OH^* 的形成，Fe 和 O 之间的相互作用是减弱的。

对于中间体 OOH^* 的氢化，有两种可能的氢化路径：①H^* 进攻与 Fe 原子成键的 O 形成两个 OH^*（$OOH^* + H^* \longrightarrow OH^* + OH^*$）；②$H^*$ 进攻 OOH^* 中的羟基氧形成 $O^* + H_2O^*$（$OOH^* + H^* \longrightarrow O^* + H_2O^*$）。图 6.6(c) 显示了反应①的氢化细节，可以看到随着 H^* 的进攻，O—O 键逐渐断裂，形成的两个 OH^* 分别吸附在 Fe 和 C 位点上，两个 OH^* 是由解离的 H^* 直接进攻与 Fe 原子相连的 O 而形成的，没有经过上述 OOH^* 解离中间步骤。反应①的活化能垒为 1.48eV。

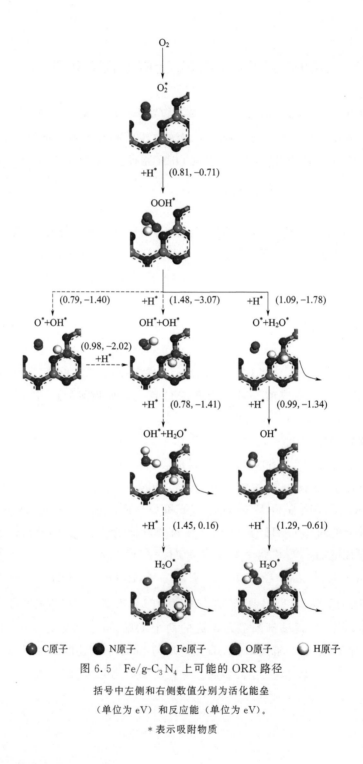

图 6.5　Fe/g-C₃N₄ 上可能的 ORR 路径

括号中左侧和右侧数值分别为活化能垒
（单位为 eV）和反应能（单位为 eV）。

＊表示吸附物质

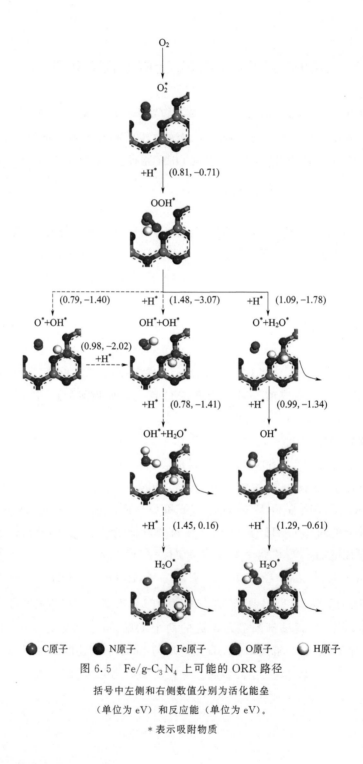

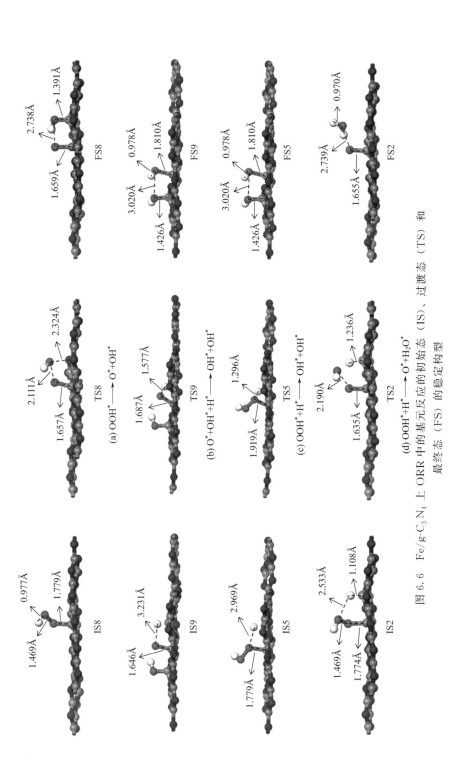

图 6.6　Fe/g-C$_3$N$_4$ 上 ORR 中的基元反应的初始态（IS）、过渡态（TS）和
最终态（FS）的稳定构型

(a) OOH* —→ O*+OH*

(b) O*+OH*+H* —→ OH*+OH*

(c) OOH*+H* —→ OH*+OH*

(d) OOH*+H* —→ O*+H$_2$O*

相比之下，反应②OOH*＋H*⟶O*＋H$_2$O*更容易进行。OOH*＋H*⟶O*＋H$_2$O*阶段的活化能相对较低，为1.09eV，并放出1.78eV的能量。图6.6(d) 所示的氢化过程显示，H*进攻OOH*中的羟基氧，形成O*＋H$_2$O*。Fe—O键的键长由初始态IS2中的1.744Å缩短到最终态FS2中的1.655Å。同时，O—H键的键长从IS2中的2.533Å缩短到FS2中的0.970Å。而O—O键断开，键长由IS2中的1.469Å延伸至FS2中的2.739Å。过渡态TS2的虚频为i1079cm^{-1}，它准确地描述了H$_2$O*分子的形成。生成的H$_2$O*需要0.61eV的能量即可从Fe/g-C$_3$N$_4$上离去。

由以上讨论我们可以知道，Fe/g-C$_3$N$_4$上的ORR路径中，OOH*解离为O*＋OH*和OOH*氢化为O*＋H$_2$O*是两个竞争反应。而对于这两个竞争反应，所需要跨过的反应能垒都远低于OOH*在Fe/g-C$_3$N$_4$上的解吸能（2.48eV），因此OOH*不会钝化催化剂。接下来，将对这两个竞争反应的后续基本步骤进行讨论。

6.3.5.2 OH*＋OH*的连续氢化

Fe/g-C$_3$N$_4$上形成两个OH*后，Fe位点上的OH*首先被氢化形成H$_2$O*（OH*＋OH*＋H*⟶OH*＋H$_2$O*），生成的第一个H$_2$O*需要1.55eV的能量才能从Fe/g-C$_3$N$_4$表面离去。这个氢化过程的放热反应能为1.41eV，活化能垒为0.78eV。由图6.7(a) 中的氢化细节可以看到，O—H键的键长从初始态 IS6 中的 3.084Å 缩短至最终态 FS6 中的0.976Å，同时 Fe—O 键的键长从 IS6 中的 1.788Å 增大到 FS6 中的2.003Å。过渡态TS6 中倾斜的Fe—O键有利于解离H*的进攻。TS6的虚频为i1253cm^{-1}，它准确地描述了H$_2$O*分子的形成。

第一个H$_2$O*离去后，停留在C位点上的OH*继续氢化形成第二个H$_2$O*。图6.7(b) 所示的氢化细节中，Fe—H键的键长从初始态IS7中的1.495Å延伸至过渡态TS7中的1.657Å。而O—H键的键长由初始态IS7中2.857Å缩短到过渡态TS7中的1.421Å，在最终态FS7中为0.971Å。过渡态TS7的虚频为i1141cm^{-1}。然而，这个氢化过程有一个1.45eV的较高能垒，以及0.16eV的吸热反应能，这表明该步骤在动力学和热力学上都是不利的。

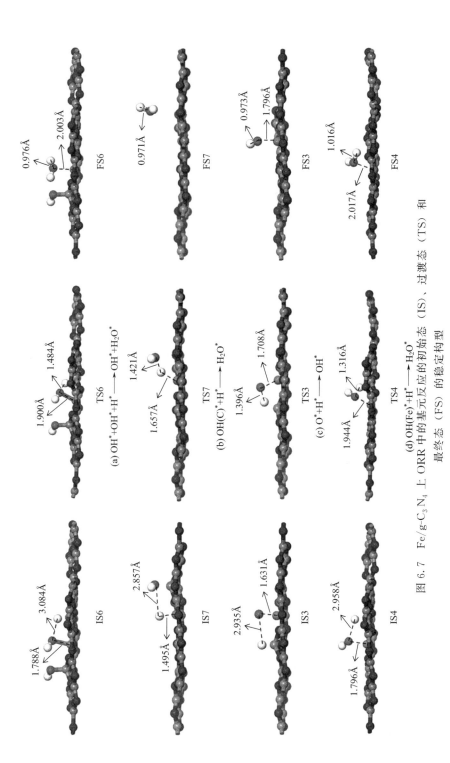

图 6.7 Fe/g-C₃N₄ 上 ORR 中的基元反应的初始态 （IS）、过渡态 （TS） 和最终态 （FS） 的稳定构型

综上，生成的第一个 H_2O^* 离去所需的能量和形成第二个 H_2O^* 所需要的能量都表明 Fe/g-C_3N_4 上 OOH^* 解离为 O^*+OH^* 的后续反应是不利的 ORR 过程。

6.3.5.3 $O^*+H_2O^*$ 的连续氢化

第一个 H_2O^* 离去后，停留在 Fe 位点上的 O^* 连续氢化生成第二个 H_2O^*，即 $O^*+H^*\longrightarrow OH^*$ 和 $OH^*+H^*\longrightarrow H_2O^*$。前者反应的放热能为 1.34eV，并伴有一个 0.99eV 的活化能垒，明显低于 O^* 在 Fe/g-C_3N_4 上的解吸能（4.49eV）。氢化反应细节 [图 6.7(c)] 显示 O—H 键的键长由初始态 IS3 中的 2.935Å 减小至最终态 FS3 中的 0.973Å，而 Fe—O 键的键长由 IS3 中的 1.631Å 延长至 FS3 中的 1.796Å，这表明 Fe—O 键之间的相互作用随着 OH^* 的形成是减弱的。形成的 OH^* 进行 $4e^-$ 路径的最后一步（$OH^*+H^*\longrightarrow H_2O^*$），该过程的放热反应能为 0.61eV，活化能垒为 1.29eV，远低于 OH^* 在 Fe/g-C_3N_4 上的解吸能（3.60eV）。氢化反应细节 [图 6.7(d)] 显示 Fe—O 键的键长由初始态 IS4 中的 1.796Å 延长至最终态 FS4 中的 2.017Å，生成的 H_2O^* 需要 0.79eV 的能量即可从 Fe/g-C_3N_4 上离去。过渡态 TS3 和 TS4 的虚频分别为 i1532cm^{-1} 和 i1642cm^{-1}，准确地描述了 OH^* 和第二个 H_2O^* 分子的形成。

6.3.6 势能面 (PES) 和相对能量曲线

图 6.8 展示了 Fe/g-C_3N_4 上可能的 ORR 路径的相对能量曲线。使用的参考能量为 O_2^* 在 Fe/g-C_3N_4 上的总能量。初始态、过渡态和最终态之间的能量关系已在图中展示。不同的线代表不同的反应路径。虚线表示的是 O_2^* 氢化形成 OOH^* 的阶段。实线表示的是 OOH^* 氢化生成 $O^*+H_2O^*$，然后 Fe 位点上的 O^* 连续氢化生成 H_2O^* 的反应路径，该路径为动力学最优路径，速率限制步骤是第二个 H_2O^* 分子的形成阶段，伴有一个 1.29eV 的活化能垒。灰色虚线表示的是 OOH^* 氢化生成两个 OH^*，然后 Fe 和 C 位点上的两个 OH^* 相继被氢化为 H_2O^* 分子的反应路径。

灰色线表示的是 $OOH^* \longrightarrow O^* + OH^*$ 以及 $O^* + OH^* + H^* \longrightarrow OH^* + OH^*$ 阶段，接着 Fe/g-C_3N_4 上的两个 OH^* 相继被氢化为两个 H_2O^* 分子，即灰色虚线 IS6、TS6、FS6 和 IS7、TS7、FS7 这两部分。

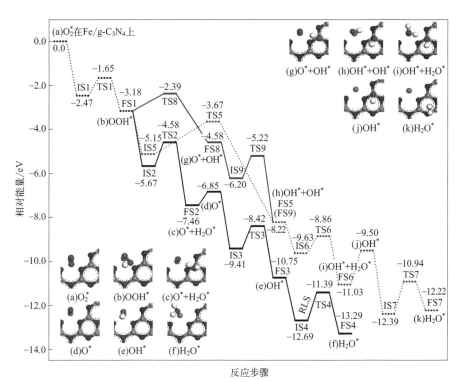

图 6.8 Fe/g-C_3N_4 上可能的 ORR 路径的相对能量曲线

动力学最优路径的速率限制步骤（RLS）已被标记出

6.4 本章小结

在本项研究中，我们使用密度泛函理论研究了石墨氮碳化物 g-C_3N_4 中掺杂单 Fe 原子（Fe/g-C_3N_4）作为 ORR 电催化剂的可行性。Mulliken 电荷表明单 Fe 原子掺杂的 N-配位腔是 ORR 的催化活性位点，还阐明了 Fe 原子的成键以及体系中的电子转移情况。PDOS 分析清楚地表明，Fe 的掺杂增强了材料的导电性能，使得电子在 Fe/g-C_3N_4 和吸附物之间可以更好地传递，进而影响材料的催化性能。我们研究了 $Fe/g\text{-}C_3N_4$ 上 ORR 的可能路径，包括 ORR 物质的吸附能，和所有中间步骤的几何结构以及能量。通过比较不同反应路径的活化能垒和反应能，确定了动力学最优的 ORR 路径，该路径始于 O_2^* 氢化形成 OOH^*，然后继续氢化为 $O^*+H_2O^*$，最后是停留在 Fe 位点上的 O^* 连续氢化生成 H_2O^*。动力学最优路径中的 $OH^*+H^* \longrightarrow H_2O^*$ 阶段为速率限制步骤，该步骤有 1.29eV 的活化能和 0.61eV 的放热反应能。相对能量曲线直观地显示出 $Fe/g\text{-}C_3N_4$ 上动力学最优的 ORR 路径的能量变化都是下坡的，这意味着整个 $4e^-$ 过程正向进行且在热力学上是有利的。总之，$Fe/g\text{-}C_3N_4$ 作为一种单原子催化剂，在燃料电池的阴极材料应用方面展现出一定的潜力，本项工作可以为实验上开发出低成本、高性能的 ORR 金属单原子掺杂碳基催化剂提供一些理论指导。

第 **7** 章

结论与展望

本书应用密度泛函理论（DFT）研究了四类结构新颖的掺杂型碳基材料，计算了它们在氧还原反应（ORR）、氧析出反应（OER）、CO氧化反应（COOR）中的活性位点、吸附行为、反应机理以及选择性，促进了掺杂型碳基材料在催化领域的基础科学理解和实际应用。主要结论具体如下。

在第3章中，通过DFT对杂原子（B、N、O或Si）掺杂富勒烯C_{70}催化ORR和OER进行了研究。计算出杂原子掺杂C_{70}的形成能均为负值，表明它们是热力学稳定的复合物。N取代C_{70}中的C1、C2、C3和C4位点表现出了ORR催化活性。与原始的C_{70}相比，B和N的掺杂都可以降低OER过电位值并提高OER性能。其中，N取代C_{70}中的C4位点后，可作为OER催化剂的潜在候选者，具有最佳活性。根据火山图，我们从热力学角度预测了杂原子掺杂C_{70}的最佳ORR和OER活性分别出现在$\Delta G_{OH^*} = 0.56eV$和$\Delta G_{O^*} - \Delta G_{OH^*} = 1.78eV$处。本章研究为实验上开发低成本、高效稳定的ORR/OER非金属掺杂碳基催化剂提供了理论指导。

在第4章中，通过DFT对Ru-N_4共掺杂到空位富勒烯（Ru-N_4-C_{54}和Ru-N_4-C_{64}）的ORR和COOR催化性能进行了研究。形成能计算结果表明Ru-N_4-C_{54}和Ru-N_4-C_{64}都是热力学稳定的复合物。Mulliken电荷显示金属Ru位点是催化的活性中心。确定了两种具有潜力的ORR催化剂（Ru-N_4-C_{54}和Ru-N_4-C_{64}）上的动力学最优路径（$O_2 \longrightarrow OOH \longrightarrow O+H_2O \longrightarrow OH \longrightarrow H_2O$），速率限制步骤均为OH的形成阶段，对应的活化能分别为0.60eV和0.40eV。相对能量曲线表明Ru-N_4-C_{54}和Ru-N_4-C_{64}上动力学最优路径的整个$4e^-$过程是放热的。同时，Ru-N_4-C_{64}催化COOR进行的是LH机理，速率限制步骤为中间体OOCO的解离阶段，活化能为0.93eV，相对能量曲线表明Ru-N_4-C_{64}上优选的LH机理的整个COOR过程是放热的。本章研究确定了两种有前景的ORR催化剂（Ru-N_4-C_{54}和Ru-N_4-C_{64}），以及一种有潜力的COOR催化剂（Ru-N_4-C_{64}），为设计高性能的ORR和COOR金属-非金属原子共掺杂碳基催化剂提供了新的思路。

在第5章中，通过DFT研究了过渡金属M和杂原子N_4共掺杂到空位富勒烯（M-N_4-C_{64}，M=Fe、Co或Ni）对ORR的催化性能。形成能计算结果表明 M-N_4-C_{64} 都是热力学稳定的复合物。Mulliken 电荷显示金属位点是催化的活性中心。确定了两种有潜力的 ORR 催化剂（Fe-N_4-C_{64} 和 Co-N_4-C_{64}）上的动力学最优路径（$O_2 \longrightarrow OOH \longrightarrow O+H_2O \longrightarrow OH \longrightarrow H_2O$），在 Fe-$N_4$-$C_{64}$ 和 Co-N_4-C_{64} 上的速率限制步骤分别为 $OH^* + H^* \longrightarrow H_2O^*$ 和 $OOH^* + H^* \longrightarrow O^* + H_2O^*$ 阶段，活化能分别为 0.47eV 和 0.78eV。相对能量曲线表明 Fe-N_4-C_{64} 和 Co-N_4-C_{64} 上动力学最优路径的整个 $4e^-$ 过程是放热的。本章研究确定了两种有潜力的 ORR 催化剂（Fe-N_4-C_{64} 和 Co-N_4-C_{64}），为 ORR 金属-非金属原子共掺杂碳基催化剂的开发提供了一些借鉴之处。

在第 6 章中，通过 DFT 对石墨氮碳化物 g-C_3N_4 中掺杂单 Fe 原子（Fe/g-C_3N_4）的 ORR 催化性能进行了研究。-4.52eV 的结合能保证了掺入的单 Fe 原子的稳定性。Mulliken 电荷表明单 Fe 原子掺杂的 N-配位腔是 ORR 的催化活性位点。通过比较不同反应路径的活化能垒和反应能，确定了 Fe/g-C_3N_4 上动力学最优路径（$O_2 \longrightarrow OOH \longrightarrow O+H_2O \longrightarrow OH \longrightarrow H_2O$），速率限制步骤为 $OH^* + H^* \longrightarrow H_2O^*$ 阶段，活化能为 1.29eV。相对能量曲线表明 Fe/g-C_3N_4 上动力学最优路径的整个 $4e^-$ 过程是放热的。本章研究表明 Fe/g-C_3N_4 作为一种用于燃料电池的阴极材料的单原子催化剂是具有潜力的，这项工作可以为实验上开发出低成本、高性能的 ORR 金属单原子掺杂碳基催化剂提供一些理论指导。

本书构建了四类掺杂型碳基材料，并通过 DFT 计算研究了它们在 ORR、OER 和 COOR 中的活性、稳定性和选择性。对于设计和开发新颖高效的催化剂和实验研究具有重要的理论和实践意义。然而，由于个人水平和研究时间有限，研究内容还可以从以下几部分进一步开展。

① 本书中选用掺杂的碳基材料为富勒烯 C_{60}、C_{70} 以及 g-C_3N_4，实际上碳基材料的种类很多，进一步研究掺杂型碳基催化剂可以拓展到石墨炔、碳纳米管、氧化石墨烯等材料上。

② 在制备和催化过程中，单原子聚集、催化活性位点减少以及负载量较低限制了单原子催化剂的发展，在单原子单元的基础上掺杂第二种金属原子的双原子催化剂可以改进上述的不足之处，这是未来催化剂设计的一个重要的研究方向。

③ 随着 2020 年 9 月我国"碳达峰、碳中和"的提出，电催化氮还原反应（NRR）合成氨和电催化二氧化碳还原（CO_2R）生成多碳产物，在能源减排，发展新能源，实现"碳达峰、碳中和"等方面意义重大。因此将掺杂型碳基材料应用到 NRR 和 CO_2R 的催化性能也有待探索。

④ 在实际催化反应环境中包含多种杂质分子，考虑它们对于催化剂的稳定性、反应活性和产物选择性的影响是非常有必要的，能够为进一步设计高效的催化剂提供理论依据。另一方面，在对比催化剂的催化性能时，可以引入反应速率常数或反应速率等参数，使催化剂性能评估的指标更加具体。

参 考 文 献

[1] MIKA L T，CSéFALVAY E，NéMETH Á. Catalytic conversion of carbohydrates to initial platform chemicals：Chemistry and sustainability [J]. Chemical Reviews，2018，118（2）：505-613.

[2] BAO X. Preface：catalysis—key to a sustainable future [J]. National Science Review，2015，2（2）：137.

[3] CORMA A，IBORRA S，VELTY A. Chemical routes for the transformation of biomass into chemicals [J]. Chemical Reviews，2007，107（6）：2411-2502.

[4] 傅金泉. 中国酒曲的起源与发展史探讨 [J]. 中国酿造，2010，（6）：180-186.

[5] CORSON B B. Industrial catalysis [J]. Journal of Chemical Education，1947，24（2）：99-103.

[6] WINDERLICH R. Jöns Jakob Berzelius [J]. Journal of Chemical Education，1948，25（9）：500-505.

[7] WALL F E. Wilhelm Ostwald [J]. Journal of Chemical Education，1948，25（1）：2-10.

[8] FELDMAN M R，TARVER M L. Fritz Haber [J]. Journal of Chemical Education，1983，60（6）：463-464.

[9] 李娟，吴梁鹏，邱勇，等. 费托合成催化剂的研究进展 [J]. 化工进展，2013，（32）：100-109.

[10] XU J，LIU H，GAO M. Progress in supports of Ziegler-Natta catalysts [J]. China Synthetic Resin And Plastics，2020，37（4）：85-91.

[11] GAWANDE M B，FORNASIERO P，ZBOŘIL R. Carbon-based single-atom catalysts for advanced applications [J]. ACS Catalysis，2020，10（3）：2231-2259.

[12] HEVELING J. Heterogeneous catalytic chemistry by example of industrial applications [J]. Journal of Chemical Education，2012，89（12）：1530-1536.

[13] STAMENKOVIC V R，MUN B S，ARENZ M，et al. Trends in electrocatalysis on extended and nanoscale Pt-bimetallic alloy surfaces [J]. Nature Materials，2007，6（3）：241-247.

[14] LEE Y，SUNTIVICH J，MAY K J，et al. Synthesis and activities of rutile IrO_2 and RuO_2 nanoparticles for oxygen evolution in acid and alkaline solutions [J]. The Journal of Physical Chemistry Letters，2012，3（3）：399-404.

[15] ALLIAN A D，TAKANABE K，FUJDALA K L，et al. Chemisorption of CO and mechanism of CO oxidation on supported platinum nanoclusters [J]. Journal of the American Chemical Society，2011，133（12）：4498-4517.

[16] GAWANDE M B，PANDEY R K，JAYARAM R V. Role of mixed metal oxides in catalysis science—versatile applications in organic synthesis [J]. Catalysis Science & Technology，2012，2（6）：1113-1125.

[17] GAWANDE M B, LUQUE R, ZBORIL R. The rise of magnetically recyclable nanocatalysts [J]. ChemCatChem, 2014, 6 (12): 3312-3313.

[18] GAWANDE M B, GOSWAMI A, ASEFA T, et al. Core-shell nanoparticles: synthesis and applications in catalysis and electrocatalysis [J]. Chemical Society Reviews, 2015, 44 (21): 7540-7590.

[19] GAWANDE M B, ZBORIL R, MALGRAS V, et al. Integrated nanocatalysts: a unique class of heterogeneous catalysts [J]. Journal of Materials Chemistry A, 2015, 3 (16): 8241-8245.

[20] WECKHUYSEN B M, YU J. Recent advances in zeolite chemistry and catalysis [J]. Chemical Society Reviews, 2015, 44 (20): 7022-7024.

[21] ZHOU H C, LONG J R, YAGHI O M. Introduction to metal-organic frameworks [J]. Chemical Reviews, 2012, 112 (2): 673-674.

[22] DING S Y, WANG W. Covalent organic frameworks (COFs): from design to applications [J]. Chemical Society Reviews, 2013, 42 (2): 548-568.

[23] LIU X, DAI L. Carbon-based metal-free catalysts [J]. Nature Reviews Materials, 2016, 1 (11): 16064.

[24] HU C, PAUL R, DAI Q, et al. Carbon-based metal-free electrocatalysts: from oxygen reduction to multifunctional electrocatalysis [J]. Chemical Society Reviews, 2021, 50 (21): 11785-11843.

[25] SHAIK S A, GOSWAMI A, VARMA R S, et al. Nitrogen-doped nanocarbons (NNCs): Current status and future opportunities [J]. Current Opinion in Green and Sustainable Chemistry, 2019, 15: 67-76.

[26] WU X, TANG C, CHENG Y, et al. Bifunctional catalysts for reversible oxygen evolution reaction and oxygen reduction reaction [J]. Chemistry-A European Journal, 2020, 26 (18): 3906-3929.

[27] GONG K, DU F, XIA Z, et al. Nitrogen-doped carbon nanotube arrays with high electrocatalytic activity for oxygen reduction [J]. Science, 2009, 323 (5915): 760-764.

[28] ZHAO S, WANG D W, AMAL R, et al. Carbon-based metal-free catalysts for key reactions involved in energy conversion and storage [J]. Advanced Materials, 2019, 31 (9): e1801526.

[29] YANG L, SHUI J, DU L, et al. Carbon-based metal-free ORR electrocatalysts for fuel cells: Past, present, and future [J]. Advanced Materials, 2019, 31 (13): 1804799.

[30] QIAO B, WANG A, YANG X, et al. Single-atom catalysis of CO oxidation using Pt_1/FeO_x [J]. Nature Chemistry, 2011, 3 (8): 634-641.

[31] GERBER I C, SERP P. A theory/experience description of support effects in carbon-supported

catalysts [J]. Chemical Reviews, 2019, 120 (2): 1250-1349.

[32] RIVERA-CáRCAMO C, SERP P. Single Atom Catalysts on Carbon-Based Materials [J]. ChemCatChem, 2018, 10 (22): 5058-5091.

[33] YAN D, LI Y, HUO J, et al. Defect chemistry of nonprecious-metal electrocatalysts for oxygen reactions [J]. Advanced Materials, 2017, 29 (48): 1606459.

[34] OU M, WAN S, ZHONG Q, et al. Single Pt Atoms Deposition on g-C_3N_4 Nanosheets for Photocatalytic H_2 Evolution or NO Oxidation under Visible Light [J]. International Journal of Hydrogen Energy, 2017, 42 (44): 27043-27054.

[35] CAO S, LI Y, ZHU B, et al. Facet Effect of Pd Cocatalyst on Photocatalytic CO_2 Reduction over g-C_3N_4 [J]. Journal of Catalysis, 2017, 349: 208-217.

[36] FAN M, CUI J, WU J, et al. Improving the catalytic activity of carbon-supported single atom catalysts by polynary metal or heteroatom doping [J]. Small, 2020, 16 (22): e1906782.

[37] SHI Z, YANG W, GU Y, et al. Metal-nitrogen-doped carbon materials as highly efficient catalysts: Progress and rational design [J]. Advanced Science, 2020, 7 (15).

[38] BAYATSARMADI B, ZHENG Y, VASILEFF A, et al. Recent advances in atomic metal doping of carbon-based nanomaterials for energy conversion [J]. Small, 2017, 13 (21): 1700191.

[39] PATNIBOON T, HANSEN H A. Acid-stable and active M-N-C Catalysts for the oxygen reduction reaction: The role of local structure [J]. ACS Catalysis, 2021, 11 (21): 13102-13118.

[40] WANG Y, CUI X, PENG L, et al. Metal-nitrogen-carbon catalysts of specifically coordinated configurations toward typical electrochemical redox reactions [J]. Advanced Materials, 2021, 33 (34): e2100997.

[41] SA Y J, SEO D J, WOO J, et al. A general approach to preferential formation of active Fe-N_x sites in Fe-N/C electrocatalysts for efficient oxygen reduction reaction [J]. Journal of the American Chemical Society, 2016, 138 (45): 15046-15056.

[42] JIAO K, XUAN J, DU Q, et al. Designing the next generation of proton-exchange membrane fuel cells [J]. Nature, 2021, 595 (7867): 361-369.

[43] STEELE B C, HEINZEL A. Materials for fuel-cell technologies [J]. Nature, 2001, 414 (6861): 345-352.

[44] EHELEBE K, SEEBERGER D, PAUL M T Y, et al. Evaluating electrocatalysts at relevant currents in a half-cell: The impact of Pt loading on oxygen reduction reaction [J]. Journal of The Electrochemical Society, 2019, 166 (16): F1259-F1268.

[45] DEBE M K. Electrocatalyst approaches and challenges for automotive fuel cells [J]. Nature,

2012, 486 (7401): 43-51.

[46] GREELEY J, STEPHENS I, BONDARENKO A S, et al. Alloys of platinum and early
      transition metals as oxygen reduction electrocatalysts [J]. Nature Chemistry, 2009,
      1 (7): 552-556.

[47] CHEN C, KANG Y, HUO Z, et al. Highly crystalline multimetallic nanoframes with
      three-dimensional electrocatalytic surfaces [J]. Science, 2014, 343 (6177): 1339-1343.

[48] WANG Y, JIAO M, SONG W, et al. Doped fullerene as a metal-free electrocatalyst for
      oxygen reduction reaction: A first-principles study [J]. Carbon, 2017, 114: 393-401.

[49] GAO S, WEI X, FAN H, et al. Nitrogen-doped carbon shell structure derived from natural
      leaves as a potential catalyst for oxygen reduction reaction [J]. Nano Energy, 2015, 13:
      518-526.

[50] LIU J, SHEN A, WEI X, et al. Ultrathin wrinkled N-doped carbon nanotubes for noble-
      metal loading and oxygen reduction reaction [J]. ACS Applied Materials & Interfaces,
      2015, 7 (37): 20507-20512.

[51] CUI H, JIAO M, CHEN Y-N, et al. Molten-salt-assisted synthesis of 3D holey N-doped
      graphene as bifunctional electrocatalysts for rechargeable Zn-Air batteries [J]. Small
      Methods, 2018, 2 (10): 1800144.

[52] CHEN Y N, ZHANG X, ZHOU Z. Carbon-Based Substrates for Highly Dispersed Nanoparticle
      and Even Single-Atom Electrocatalysts [J]. Small Methods, 2019, 3 (9): 1900050.

[53] HE F, LI K, YIN C, et al. Single Pd atoms supported by graphitic carbon nitride, a
      potential oxygen reduction reaction catalyst from theoretical perspective [J]. Carbon,
      2017, 114: 619-627.

[54] HE F, LI H, DING Y, et al. The oxygen reduction reaction on graphitic carbon nitride
      supported single Ce atom and Ce_xPt_{6-x} cluster catalysts from first-principles [J]. Carbon,
      2018, 130: 636-644.

[55] YANG Y, YIN C, LI K, et al. Cu doped crystalline carbon-conjugated $g-C_3N_4$, a promising
      oxygen reduction catalyst by theoretical study [J]. Journal of The Electrochemical Society,
      2019, 166 (12): F755-F759.

[56] ZHENG Y, JIAO Y, ZHU Y, et al. Molecule-level $g-C_3N_4$ coordinated transition metals
      as a new class of electrocatalysts for oxygen electrode reactions [J]. Journal of the American
      Chemical Society, 2017, 139 (9): 3336-3339.

[57] JASINSKI R. A new fuel cell cathode catalyst [J]. Nature, 1964, 201 (4925): 1212-1213.

[58] JIAO Y, ZHENG Y, JARONIEC M, et al. Design of electrocatalysts for oxygen- and
      hydrogen-involving energy conversion reactions [J]. Chemical Society Reviews, 2015, 44
      (8): 2060-2086.

[59] YIN C, TANG H, LI K, et al. Theoretical insight into the catalytic activities of oxygen reduction reaction on transition metal-N$_4$ doped graphene [J]. New Journal of Chemistry, 2018, 42 (12): 9620-9625.

[60] FERRERO G A, PREUSS K, MARINOVIC A, et al. Fe-N-doped carbon capsules with outstanding electrochemical performance and stability for the oxygen reduction reaction in both acid and alkaline conditions [J]. ACS Nano, 2016, 10 (6): 5922-5932.

[61] LAI Q, ZHENG L, LIANG Y, et al. Metal-organic-framework-derived Fe-N/C electrocatalyst with five-coordinated Fe-N$_x$ sites for advanced oxygen reduction in acid media [J]. ACS Catalysis, 2017, 7 (3): 1655-1663.

[62] BOUWKAMP-WIJNOLTZ A L, VISSCHER W, VAN VEEN J A R, et al. On active-site heterogeneity in pyrolyzed carbon-supported iron porphyrin catalysts for the electrochemical reduction of oxygen: An in situ mössbauer study [J]. The Journal of Physical Chemistry B, 2002, 106 (50): 12993-13001.

[63] BROWNE M P, SOFER Z, PUMERA M. Layered and two dimensional metal oxides for electrochemical energy conversion [J]. Energy & Environmental Science, 2019, 12 (1): 41-58.

[64] CHUNG D Y, LOPES P P, FARINAZZO BERGAMO DIAS MARTINS P, et al. Dynamic stability of active sites in hydr (oxy) oxides for the oxygen evolution reaction [J]. Nature Energy, 2020, 5 (3): 222-230.

[65] TANG M, GE Q. Mechanistic understanding on oxygen evolution reaction on γ-FeOOH (010) under alkaline condition based on DFT computational study [J]. Chinese Journal of Catalysis, 2017, 38 (9): 1621-1628.

[66] XIA J, ZHAO H, HUANG B, et al. Efficient optimization of electron/oxygen pathway by constructing ceria/hydroxide interface for highly active oxygen evolution reaction [J]. Advanced Functional Materials, 2020, 30 (9): 1908367.

[67] MIAO X, ZHANG L, WU L, et al. Quadruple perovskite ruthenate as a highly efficient catalyst for acidic water oxidation [J]. Nature Communications, 2019, 10 (1): 3809.

[68] ZHAO Y, WANG Y, DONG Y, et al. Quasi-two-dimensional earth-abundant bimetallic electrocatalysts for oxygen evolution reactions [J]. ACS Energy Letters, 2021, 6 (9): 3367-3375.

[69] ZHAO M, LI T, JIA L, et al. Pristine-graphene-supported nitrogen-doped carbon self-assembled from glucaminium-based ionic liquids as metal-free catalyst for oxygen evolution [J]. ChemSusChem, 2019, 12 (22): 5041-5050.

[70] LI M, ZHANG L, XU Q, et al. N-doped graphene as catalysts for oxygen reduction and oxygen evolution reactions: Theoretical considerations [J]. Journal of Catalysis, 2014,

314: 66-72.

[71] ZHAO X, LIU X, HUANG B, et al. Hydroxyl group modification improves the electrocatalytic ORR and OER activity of graphene supported single and bi-metal atomic catalysts (Ni, Co, and Fe) [J]. Journal of Materials Chemistry A, 2019, 7 (42): 24583-24593.

[72] LI X, CUI P, ZHONG W, et al. Graphitic carbon nitride supported single-atom catalysts for efficient oxygen evolution reaction [J]. Chemical Communications, 2016, 52 (90): 13233-13236.

[73] GUAN J, DUAN Z, ZHANG F, et al. Water oxidation on a mononuclear manganese heterogeneous catalyst [J]. Nature Catalysis, 2018, 1 (11): 870-877.

[74] BAI L, DUAN Z, WEN X, et al. Bifunctional atomic iron-based catalyst for oxygen electrode reactions [J]. Journal of Catalysis, 2019, 378: 353-362.

[75] XU Z, LI Y, LIN Y, et al. A review of the catalysts used in the reduction of NO by CO for gas purification [J]. Environmental Science and Pollution Research, 2020, 27 (7): 6723-6748.

[76] TAIRA K, EINAGA H. The effect of SO_2 and H_2O on the interaction between Pt and TiO_2 (P-25) during catalytic CO oxidation [J]. Catalysis Letters, 2019, 149 (4): 965-973.

[77] ZHANG H, FANG S, HU Y H. Recent advances in single-atom catalysts for CO oxidation [J]. Catalysis Reviews, 2020: 1-42.

[78] JIANG Y, LIU B, YANG W, et al. Crystalline $(Ni_{1-x}Co_x)_5 TiO_7$ nanostructures grown in situ on a flexible metal substrate used towards efficient CO oxidation [J]. Nanoscale, 2017, 9 (32): 11713-11719.

[79] KRISHNAN R, SU W-S, CHEN H-T. A new carbon allotrope: Penta-graphene as a metal-free catalyst for CO oxidation [J]. Carbon, 2017, 114: 465-472.

[80] ZHANG C, CUI X, YANG H, et al. A way to realize controllable preparation of active nickel oxide supported nano-Au catalyst for CO oxidation [J]. Applied Catalysis A: General, 2014, 473: 7-12.

[81] TANIKAWA K, EGAWA C. Effect of barium addition on CO oxidation activity of palladium catalysts [J]. Applied Catalysis A: General, 2011, 403 (1-2): 12-17.

[82] CUI X, LIU J, YAN X, et al. Exploring reaction mechanism of CO oxidation over $SrCoO_3$ catalyst: A DFT study [J]. Applied Surface Science, 2021, 570: 151234.

[83] KRISHNAN R, WU S-Y, CHEN H-T. Nitrogen-doped penta-graphene as a superior catalytic activity for CO oxidation [J]. Carbon, 2018, 132: 257-262.

[84] LIN I H, LU Y H, CHEN H T. Nitrogen-doped carbon nanotube as a potential metal-free catalyst for CO oxidation [J]. Physical Chemistry Chemical Physics, 2016, 18 (17): 12093-12100.

［85］ LIN I H，LU Y H，CHEN H T. Nitrogen-doped C$_{60}$ as a robust catalyst for CO oxidation ［J］. Journal of Computational Chemistry，2017，38（23）：2041-2046.

［86］ LU Y H，ZHOU M，ZHANG C，et al. Metal-Embedded Graphene：A Possible Catalyst with High Activity ［J］. The Journal of Physical Chemistry C，2009，113（47）：20156-20160.

［87］ LIU X，SUI Y，DUAN T，et al. CO oxidation catalyzed by Pt-embedded graphene：a first-principles investigation ［J］. Physical Chemistry Chemical Physics，2014，16（43）：23584-93.

［88］ JIA T T，LU C H，ZHANG Y F，et al. A comparative study of CO catalytic oxidation on Pd-anchored graphene oxide and Pd-embedded vacancy graphene ［J］. Journal of Nanoparticle Research，2014，16（2）：1-11.

［89］ TANG Y，DAI X，YANG Z，et al. Tuning the catalytic property of non-noble metallic impurities in graphene ［J］. Carbon，2014，71：139-149.

［90］ TANG Y，PAN L，CHEN W，et al. Reaction mechanisms for CO catalytic oxidation on monodisperse Mo atom-embedded graphene ［J］. Applied Physics A，2015，119（2）：475-485.

［91］ TANG Y，MA D，CHEN W，et al. Improving the adsorption behavior and reaction activity of Co-anchored graphene surface toward CO and O$_2$ molecules ［J］. Sensors and Actuators B：Chemical，2015，211：227-234.

［92］ SONG E H，WEN Z，JIANG Q. CO Catalytic Oxidation on Copper-Embedded Graphene ［J］. The Journal of Physical Chemistry C，2011，115（9）：3678-3683.

［93］ WANG S，LI J，LI Q，et al. Metal single-atom coordinated graphitic carbon nitride as an efficient catalyst for CO oxidation ［J］. Nanoscale，2020，12（1）：364-371.

［94］ LU Z，YANG M，MA D，et al. CO oxidation on Mn-N$_4$ porphyrin-like carbon nanotube：A DFT-D study ［J］. Applied Surface Science，2017，426：1232-1240.

［95］ KROPP T，MAVRIKAKIS M. Transition metal atoms embedded in graphene：How nitrogen doping increases CO oxidation activity ［J］. ACS Catalysis，2019，9（8）：6864-6868.

［96］ SCHRöDINGER E. An undulatory theory of the mechanics of atoms and molecules ［J］. Physical Review，1926，28（6）：1049-1070.

［97］ BORN M，OPPENHEIMER R. Zur quantentheorie der molekeln ［J］. Annalen der Physik，1927，389（20）：457-484.

［98］ EVANS M G，POLANYI M. Some applications of the transition state method to the calculation of reaction velocities，especially in solution ［J］. Transactions of the Faraday Society，1935，31：875-894.

［99］ KOHN W，SHAM L. Self-consistent equations including exchange and correlation effects

[J]. Physical Review, 1965, 140 (4A): A1133-A1138.

[100] POPLE J A, GILL P, JOHNSON B G. Kohn—Sham density-functional theory within a finite basis set [J]. Chemical Physics Letters, 1992, 199 (6): 557-560.

[101] JOHNSON B G, FISCH M J. An implementation of analytic second derivatives of the gradient-corrected density functional energy [J]. Journal of Chemical Physics, 1994, 100 (10): 7429-7442.

[102] PARR R G, GADRE S R, BARTOLOTTI L J. Density-functional theory of atoms and molecules [J]. Oxford university press, 1989, 3: 5-15.

[103] 罗渝然. 过渡态理论的进展 [J]. 化学通报, 1983, (10): 8-14.

[104] FUKUI K. A Formulation of the Reaction Coordinate [J]. The Journal of Physical Chemistry, 1970, 74 (23): 4161-4163.

[105] FUKUI K. The Path of Chemical Reactions—The IRC Approach [J]. Accounts of Chemical Research, 1981, 14 (12): 363-368.

[106] NøRSKOV J K, ROSSMEISL J, LOGADOTTIR A, et al. Origin of the Overpotential for Oxygen Reduction at a Fuel-Cell Cathode [J]. Journal of Physical Chemistry B, 2004, 108: 17886-17892.

[107] MEDFORD A J, VOJVODIC A, HUMMELSHØJ J S, et al. From the Sabatier principle to a predictive theory of transition-metal heterogeneous catalysis [J]. Journal of Catalysis, 2015, 328: 36-42.

[108] MULLIKEN R S. Electronic Population Analysis on LCAO-MO Molecular Wave Functions. II. Overlap Populations, Bond Orders, and Covalent Bond Energies [J]. The Journal of Chemical Physics, 1955, 23 (10): 1841-1846.

[109] MULLIKEN R S. Electronic Population Analysis on LCAO-MO Molecular Wave Functions. I [J]. The Journal of Chemical Physics, 1955, 23 (10): 1833-1840.

[110] MULLIKEN R S. Electronic Population Analysis on LCAO-MO Molecular Wave Functions. III. Effects of Hybridization on Overlap and Gross AO Populations [J]. The Journal of Chemical Physics, 1955, 23 (12): 2338-2342.

[111] HAMMER B, MORIKAWA Y, NøRSKOV J K. CO chemisorption at metal surfaces and overlayers [J]. Physical Review Letters, 1996, 76 (12): 2141-2144.

[112] BLIGAARD T, NøRSKOV J K. Ligand effects in heterogeneous catalysis and electrochemistry [J]. Electrochimica Acta, 2007, 52 (18): 5512-5516.

[113] NORSKOV J K, BLIGAARD T, ROSSMEISL J, et al. Towards the computational design of solid catalysts [J]. Nature Chemistry, 2009, 1 (1): 37-46.

[114] SUI S, WANG X, ZHOU X, et al. A comprehensive review of Pt electrocatalysts for the oxygen reduction reaction: Nanostructure, activity, mechanism and carbon support in

PEM fuel cells [J]. Journal of Materials Chemistry A，2017，5（5）：1808-1825.

[115] YANG H B, MIAO J, HUNG S F, et al. Identification of catalytic sites for oxygen reduction and oxygen evolution in N-doped graphene materials：Development of highly efficient metal-free bifunctional electrocatalyst [J]. Science Advances，2016，2：e1501122.

[116] TANG C, ZHANG Q. Nanocarbon for Oxygen Reduction Electrocatalysis：Dopants, Edges, and Defects [J]. Advanced Materials，2017，29（13）：1604103.

[117] CHEN S, DUAN J, RAN J, et al. N-doped graphene film-confined nickel nanoparticles as a highly efficient three-dimensional oxygen evolution electrocatalyst [J]. Energy & Environmental Science，2013，6（12）：3693-3699.

[118] LI Y W, ZHANG W J, LI J, et al. Fe-MOF-Derived Efficient ORR/OER Bifunctional Electrocatalyst for Rechargeable Zinc-Air Batteries [J]. ACS Applied Materials & Interfaces，2020，12（40）：44710-44719.

[119] ZHOU Y, GAO G, KANG J, et al. Transition metal-embedded two-dimensional C_3N as a highly active electrocatalyst for oxygen evolution and reduction reactions [J]. Journal of Materials Chemistry A，2019，7（19）：12050-12059.

[120] ZENG H, LIU X, CHEN F, et al. Single Atoms on a Nitrogen-Doped Boron Phosphide Monolayer：A New Promising Bifunctional Electrocatalyst for ORR and OER [J]. ACS Applied Materials & Interfaces，2020，12（47）：52549-52559.

[121] NIU H, WAN X, WANG X, et al. Single-Atom Rhodium on Defective g-C_3N_4：A Promising Bifunctional Oxygen Electrocatalyst [J]. ACS Sustainable Chemistry & Engineering，2021，9（9）：3590-3599.

[122] RANA M, MONDAL S, SAHOO L, et al. Emerging Materials in Heterogeneous Electrocatalysis Involving Oxygen for Energy Harvesting [J]. ACS Applied Materials & Interfaces，2018，10（40）：33737-33767.

[123] REN M, LEI J, ZHANG J, et al. Tuning Metal Elements in Open Frameworks for Efficient Oxygen Evolution and Oxygen Reduction Reaction Catalysts [J]. ACS Applied Materials & Interfaces，2021，13（36）：42715-42723.

[124] ZHENG Y, JIAO Y, QIAO S Z. Engineering of Carbon-Based Electrocatalysts for Emerging Energy Conversion：From Fundamentality to Functionality [J]. Advanced Materials，2015，27（36）：5372-5378.

[125] WANG J, KONG H, ZHANG J, et al. Carbon-based electrocatalysts for sustainable energy applications [J]. Progress in Materials Science，2021，116：100717.

[126] ZHU J, MU S. Defect Engineering in Carbon-Based Electrocatalysts：Insight into Intrinsic Carbon Defects [J]. Advanced Functional Materials，2020，30（25）：2001097.

[127] ZHAO X, SU H, CHENG W, et al. Operando Insight into the Oxygen Evolution Kinetics on

the Metal-Free Carbon-Based Electrocatalyst in an Acidic Solution [J]. ACS Applied Materials & Interfaces, 2019, 11 (38): 34854-34861.

[128] HU H J, ZHANG C, GUO J, et al. Carbon allotropes consisting of rings and cubes [J]. Diamond and Related Materials, 2022, 121: 108765.

[129] CHOI E K, JEON I Y, BAE S Y, et al. High-yield exfoliation of three-dimensional graphite into two-dimensional graphene-like sheets [J]. Chemical Communications, 2010, 46 (34): 6320-6322.

[130] HU M, DONG X, WU Y, et al. Low-energy 3D sp^2 carbons with versatile properties beyond graphite and graphene [J]. Dalton Transactions, 2018, 47 (17): 6233-6239.

[131] GEIM A K, NOVOSELOV K S. The rise of graphene [J]. Nature Materials, 2007, 6: 183-191.

[132] XU T, SHEN W, HUANG W, et al. Fullerene micro/nanostructures: controlled synthesis and energy applications [J]. Mater. Today Nano, 2020, 11: 100081.

[133] JARIWALA D, SANGWAN V K, LAUHON L J, et al. Carbon nanomaterials for electronics, optoelectronics, photovoltaics, and sensing [J]. Chemical Society Reviews, 2013, 42 (7): 2824-2860.

[134] LAN J, CAO D, WANG W. $Li_{12}Si_{60}H_{60}$ Fullerene Composite: A Promising Hydrogen Storage Medium [J]. ACS Nano, 2009, 3: 3294-3300.

[135] SCHARBER M C. On the Efficiency Limit of Conjugated Polymer: Fullerene-Based Bulk Heterojunction Solar Cells [J]. Advanced Materials, 2016, 28 (10): 1994-2001.

[136] BENZIGAR M R, JOSEPH S, ILBEYGI H, et al. Highly Crystalline Mesoporous C_{60} with Ordered Pores: A Class of Nanomaterials for Energy Applications [J]. Angewandte Chemie International Edition, 2018, 57 (2): 569-573.

[137] BENZIGAR M R, JOSEPH S, BASKAR A V, et al. Ordered Mesoporous C_{70} with Highly Crystalline Pore Walls for Energy Applications [J]. Advanced Functional Materials, 2018, 28 (35): 1803701.

[138] GAO R, DAI Q, DU F, et al. C_{60}-Adsorbed Single-Walled Carbon Nanotubes as Metal-Free, pH-Universal, and Multifunctional Catalysts for Oxygen Reduction, Oxygen Evolution, and Hydrogen Evolution [J]. Journal of the American Chemical Society, 2019, 141 (29): 11658-11666.

[139] AHSAN M A, HE T, EID K E, et al. Tuning the Intermolecular Electron Transfer of Low-Dimensional and Metal-Free BCN/C_{60} Electrocatalysts via Interfacial Defects for Efficient Hydrogen and Oxygen Electrochemistry [J]. Journal of the American Chemical Society, 2021, 143 (2): 1203-1215.

[140] ZHAO Y, NAKAMURA R, KAMIYA K, et al. Nitrogen-doped carbon nanomaterials as

non-metal electrocatalysts for water oxidation [J]. Nature Communications, 2013, 4: 2390.

[141] NOH S H, KWON C, HWANG J, et al. Self-assembled nitrogen-doped fullerenes and their catalysis for fuel cell and rechargeable metal-air battery applications [J]. Nanoscale, 2017, 9 (22): 7373-7379.

[142] LI Q Z, ZHENG J J, DANG J S, et al. Boosting activation of oxygen molecules on C_{60} fullerene by boron doping [J]. ChemPhysChem, 2015, 16 (2): 390-395.

[143] LIN Y, ZHU Y, ZHANG B, et al. Boron-doped onion-like carbon with enriched substitutional boron: the relationship between electronic properties and catalytic performance [J]. Journal of Materials Chemistry A, 2015, 3 (43): 21805-21814.

[144] SURYANTO B H R, CHEN S, DUAN J, et al. Hydrothermally Driven Transformation of Oxygen Functional Groups at Multiwall Carbon Nanotubes for Improved Electrocatalytic Applications [J]. ACS Applied Materials & Interfaces, 2016, 8 (51): 35513-35522.

[145] BAI X, ZHAO E, LI K, et al. Theoretical Investigation on the Reaction Pathways for Oxygen Reduction Reaction on Silicon Doped Graphene as Potential Metal-Free Catalyst [J]. Journal of The Electrochemical Society, 2016, 163 (14): F1496-F1502.

[146] FRISCH M J, TRUCKS G W, SCHLEGEL H B, et al. Gaussian 09, Revision D. 01, Gaussian, Inc. , Wallingford CT, 2013.

[147] LEE C, YANG W, PARR R G. Development of the Colle-Salvetti correlation-energy formula into a functional of the electron density [J]. Physical Review B, 1988, 37 (2): 785-789.

[148] BECKE A D. Density-functional thermochemistry. Ⅲ. The role of exact exchange [J]. The Journal of Chemical Physics, 1993, 98 (7): 5648-5652.

[149] GRIMME S, ANTONY J, EHRLICH S, et al. A consistent and accurate ab initio parametrization of density functional dispersion correction (DFT-D) for the 94 elements H-Pu [J]. The Journal of Chemical Physics, 2010, 132 (15): 154104.

[150] CHEN X, CHANG J, KE Q. Probing the activity of pure and N-doped fullerenes towards oxygen reduction reaction by density functional theory [J]. Carbon, 2018, 126: 53-57.

[151] MARENICH A V, CRAMER C J, TRUHLAR D G. Universal Solvation Model Based on Solute Electron Density and on a Continuum Model of the Solvent Defined by the Bulk Dielectric Constant and Atomic Surface Tensions [J]. Journal of Physical Chemistry B, 2009, 113: 6378-6396.

[152] STEELE B C H, HEINZEL A. Materials for Fuel-Cell Technologies [J]. Nature, 2001, 414 (6861): 345-352.

[153] SONG C. Fuel Processing for Low-Temperature and High-Temperature Fuel Cells-Challenges, and Opportunities for Sustainable Development in the 21st Century [J]. Catalysis Today,

2002, 77 (1): 17-49.

[154] WANG S, JIANG S P. Prospects of fuel cell technologies [J]. National Science Review, 2017, 4 (2): 163-166.

[155] LIU L, ZENG G, CHEN J, et al. N-doped porous carbon nanosheets as pH-universal ORR electrocatalyst in various fuel cell devices [J]. Nano Energy, 2018, 49: 393-402.

[156] HUANG L, ZAMAN S, TIAN X, et al. Advanced Platinum-Based Oxygen Reduction Electrocatalysts for Fuel Cells [J]. Accounts of Chemical Research, 2021, 54 (2): 311-322.

[157] LIANG Z, ZHENG H, CAO R. Recent advances in Co-based electrocatalysts for the oxygen reduction reaction [J]. Sustainable Energy and Fuels, 2020, 4 (8): 3848-3870.

[158] KIANI M, TIAN X Q, ZHANG W. Non-precious metal electrocatalysts design for oxygen reduction reaction in polymer electrolyte membrane fuel cells: Recent advances, challenges and future perspectives [J]. Coordination Chemistry Reviews, 2021, 441: 213954.

[159] WANG A, LI J, ZHANG T. Heterogeneous single-atom catalysis [J]. Nature Reviews Chemistry, 2018, 2 (6): 65-81.

[160] ZHOU Y, YU Y, MA D, et al. Atomic Fe Dispersed Hierarchical Mesoporous Fe-N-C Nanostructures for an Efficient Oxygen Reduction Reaction [J]. ACS Catalysis, 2021, 11 (1): 74-81.

[161] TANG Y, CHEN W, SHEN Z, et al. Nitrogen coordinated silicon-doped graphene as a potential alternative metal-free catalyst for CO oxidation [J]. Carbon, 2017, 111: 448-458.

[162] ZHAO C, DAI X, YAO T, et al. Ionic Exchange of Metal-Organic Frameworks to Access Single Nickel Sites for Efficient Electroreduction of CO_2 [J]. Journal of the American Chemical Society, 2017, 139 (24): 8078-8081.

[163] LUCCI F R, DARBY M T, MATTERA M F G, et al. Controlling Hydrogen Activation, Spillover, and Desorption with Pd-Au Single-Atom Alloys [J]. The Journal of Physical Chemistry Letters, 2016, 7 (3): 480-485.

[164] OU Y, CUI X, ZHANG X, et al. Titanium carbide nanoparticles supported Pt catalysts for methanol electrooxidation in acidic media [J]. Journal of Power Sources, 2010, 195 (5): 1365-1369.

[165] CHENG N, STAMBULA S, WANG D, et al. Platinum single-atom and cluster catalysis of the hydrogen evolution reaction [J]. Nature Communications, 2016, 7: 13638.

[166] BAO L, PENG P, LU X. Bonding inside and outside Fullerene Cages [J]. Accounts of Chemical Research, 2018, 51 (3): 810-815.

[167] DE D S, FLORES-LIVAS J A, SAHA S, et al. Stable structures of exohedrally decorated C_{60}-fullerenes [J]. Carbon, 2018, 129: 847-853.

[168] TERRONES H, LV R, TERRONES M, et al. The role of defects and doping in 2D graphene sheets and 1D nanoribbons [J]. Reports on Progress in Physics, 2012, 75 (6): 062501.

[169] CHEN Y, JI S, CHEN C, et al. Single-Atom Catalysts: Synthetic Strategies and Electrochemical Applications [J]. Joule, 2018, 2 (7): 1242-1264.

[170] BEZERRA C W B, ZHANG L, LEE K, et al. A review of Fe-N/C and Co-N/C catalysts for the oxygen reduction reaction [J]. Electrochimica Acta, 2008, 53 (15): 4937-4951.

[171] ORELLANA W. Catalytic Properties of Transition Metal-N_4 Moieties in Graphene for the Oxygen Reduction Reaction: Evidence of Spin-Dependent Mechanisms [J]. Journal of Physical Chemistry C, 2013, 117 (19): 9812-9818.

[172] LEE D H, LEE W J, KIM S O, et al. Theory, Synthesis, and Oxygen Reduction Catalysis of Fe-Porphyrin-Like Carbon Nanotube [J]. Physical Review Letters, 2011, 106 (17): 175502.

[173] LI J, CHEN M, CULLEN D A, et al. Atomically dispersed manganese catalysts for oxygen reduction in proton-exchange membrane fuel cells [J]. Nature Catalysis, 2018, 1 (12): 935-945.

[174] XIAO M, GAO L, WANG Y, et al. Engineering Energy Level of Metal Center: Ru Single-Atom Site for Efficient and Durable Oxygen Reduction Catalysis [J]. Journal of the American Chemical Society, 2019, 141 (50): 19800-19806.

[175] LIU S, CHENG L, LI K, et al. RuN_4 Doped Graphene Oxide, a Highly Efficient Bifunctional Catalyst for Oxygen Reduction and CO_2 Reduction from Computational Study [J]. ACS Sustainable Chemistry & Engineering, 2019, 7 (9): 8136-8144.

[176] SUN J F, XU Q Q, QI J L, et al. Isolated Single Atoms Anchored on N-Doped Carbon Materials as a Highly Efficient Catalyst for Electrochemical and Organic Reactions [J]. ACS Sustainable Chemistry & Engineering, 2020, 8 (39): 14630-14656.

[177] MODAK B, SRINIVASU K, GHOSH S K. Exploring metal decorated Porphyrin-like Porous Fullerene as catalyst for oxygen reduction reaction: A DFT study [J]. International Journal of Hydrogen Energy, 2017, 42 (4): 2278-2287.

[178] YANG S, ZHAO C, QU R, et al. Probing the activity of transition metal M and heteroatom N_4 co-doped in vacancy fullerene ($M-N_4-C_{64}$, M = Fe, Co, and Ni) towards the oxygen reduction reaction by density functional theory [J]. RSC Advances, 2021, 11 (5): 3174-3182.

[179] VAN SPRONSEN M A, FRENKEN J W M, GROOT I M N. Surface science under reaction

conditions: CO oxidation on Pt and Pd model catalysts [J]. Chemical Society Reviews, 2017, 46 (14): 4347-4374.

[180] WANG R, FENG W, ZHANG D, et al. Geometric stability of PtFe/PdFe embedded in graphene and catalytic activity for CO oxidation [J]. Applied Organometallic Chemistry, 2017, 31 (11): e3808.

[181] DU R, ZHANG N, ZHU J, et al. Nitrogen-Doped Carbon Nanotube Aerogels for High-Performance ORR Catalysts [J]. Small, 2015, 11 (32): 3903-3908.

[182] KATTEL S, WANG G. Reaction Pathway for Oxygen Reduction on FeN_4 Embedded Graphene [J]. The Journal of Physical Chemistry Letters, 2014, 5 (3): 452-456.

[183] LIU Z, HE T, LIU K, et al. Structural, electronic and catalytic performances of single-atom Fe stabilized by divacancy-nitrogen-doped graphene [J]. RSC Advances, 2017, 7 (13): 7920-7928.

[184] LIU Q, ZHANG J. Graphene Supported $Co-g-C_3N_4$ as a Novel Metal-Macrocyclic Electrocatalyst for the Oxygen Reduction Reaction in Fuel Cells [J]. Langmuir, 2013, 29 (11): 3821-3828.

[185] LI W, MIN C, TAN F, et al. Bottom-Up Construction of Active Sites in a $Cu-N_4$-C Catalyst for Highly Efficient Oxygen Reduction Reaction [J]. ACS Nano, 2019, 13 (3): 3177-3187.

[186] LU T, CHEN F. Multiwfn: a multifunctional wavefunction analyzer [J]. Journal of Computational Chemistry, 2012, 33 (5): 580-592.

[187] KATTEL S, WANG G. A density functional theory study of oxygen reduction reaction on $Me-N_4$ (Me=Fe, Co, or Ni) clusters between graphitic pores [J]. Journal of Materials Chemistry A, 2013, 1 (36): 10790-10797.

[188] SHA Y, YU T H, MERINOV B V, et al. Mechanism for Oxygen Reduction Reaction on Pt_3Ni Alloy Fuel Cell Cathode [J]. Journal of Physical Chemistry C, 2012, 116 (40): 21334-21342.

[189] KARLBERG G S, JARAMILLO T F, SKULASON E, et al. Cyclic Voltammograms for H on Pt (111) and Pt (100) from First Principles [J]. Physical Review Letters, 2007, 99 (12): 126101.

[190] ZHANG X, LU Z, YANG Z. The mechanism of oxygen reduction reaction on CoN_4 embedded graphene: A combined kinetic and atomistic thermodynamic study [J]. International Journal of Hydrogen Energy, 2016, 41 (46): 21212-21220.

[191] WANG Y, CHEN K S, MISHLER J, et al. A review of polymer electrolyte membrane fuel cells: Technology, applications, and needs on fundamental research [J]. Applied Energy, 2011, 88 (4): 981-1007.

[192] MAJLAN E H, ROHENDI D, DAUD W R W, et al. Electrode for proton exchange membrane fuel cells: A review [J]. Renewable & Sustainable Energy Reviews, 2018, 89: 117-134.

[193] ZHU C, LI H, FU S, et al. Highly efficient nonprecious metal catalysts towards oxygen reduction reaction based on three-dimensional porous carbon nanostructures [J]. Chemical Society Reviews, 2016, 45 (3): 517-531.

[194] GASTEIGER H A, KOCHA S S, SOMPALLI B, et al. Activity benchmarks and requirements for Pt, Pt-alloy, and non-Pt oxygen reduction catalysts for PEMFCs [J]. Applied Catalysis B-environmental, 2005, 56 (1): 9-35.

[195] ZHENG Y, YANG D-S, KWEUN J M, et al. Rational design of common transition metal-nitrogen-carbon catalysts for oxygen reduction reaction in fuel cells [J]. Nano Energy, 2016, 30: 443-449.

[196] REN X, LV Q, LIU L, et al. Current progress of Pt and Pt-based electrocatalysts used for fuel cells [J]. Sustainable Energy and Fuels, 2020, 4 (1): 15-30.

[197] LU B, LIU Q, CHEN S. Electrocatalysis of Single-Atom Sites: Impacts of Atomic Coordination [J]. ACS Catalysis, 2020, 10 (14): 7584-7618.

[198] KIM J, KIM H, LEE H. Single-Atom Catalysts of Precious Metals for Electrochemical Reactions [J]. Chemsuschem, 2018, 11 (1): 104-113.

[199] QIU H J, ITO Y, CONG W, et al. Nanoporous Graphene with Single-Atom Nickel Dopants: An Efficient and Stable Catalyst for Electrochemical Hydrogen Production [J]. Angewandte Chemie International Edition, 2015, 54 (47): 14031-14035.

[200] FEI H, DONG J, ARELLANOJIMENEZ M J, et al. Atomic cobalt on nitrogen-doped graphene for hydrogen generation [J]. Nature Communications, 2015, 6 (1): 8668.

[201] WANG X, CHEN Z, ZHAO X, et al. Regulation of Coordination Number over Single Co Sites: Triggering the Efficient Electroreduction of CO_2 [J]. Angewandte Chemie International Edition, 2018, 57 (7): 1944-1948.

[202] XIAO M, ZHU J, MA L, et al. Microporous Framework Induced Synthesis of Single-Atom Dispersed Fe-N-C Acidic ORR Catalyst and Its in Situ Reduced Fe-N$_4$ Active Site Identification Revealed by X-ray Absorption Spectroscopy [J]. ACS Catalysis, 2018, 8 (4): 2824-2832.

[203] CHEN P, ZHOU T, XING L, et al. Atomically Dispersed Iron-Nitrogen Species as Electrocatalysts for Bifunctional Oxygen Evolution and Reduction Reactions [J]. Angewandte Chemie International Edition, 2017, 56 (2): 610-614.

[204] YANG X, WANG A, QIAO B, et al. Single-Atom Catalysts: A New Frontier in Heterogeneous Catalysis [J]. Accounts of Chemical Research, 2013, 46 (8): 1740-1748.

[205] RINCONGARCIA L, ISMAEL A K, EVANGELI C, et al. Molecular design and control of fullerene-based bi-thermoelectric materials [J]. Nature Materials, 2016, 15 (3): 289-293.

[206] TAN Z, NI K, CHEN G, et al. Incorporating Pyrrolic and Pyridinic Nitrogen into a Porous Carbon made from C_{60} Molecules to Obtain Superior Energy Storage [J]. Advanced Materials, 2017, 29 (8): 1603414.

[207] MINAMI K, KASUYA Y, YAMAZAKI T, et al. Highly Ordered 1D Fullerene Crystals for Concurrent Control of Macroscopic Cellular Orientation and Differentiation toward Large-Scale Tissue Engineering [J]. Advanced Materials, 2015, 27 (27): 4020-4026.

[208] LIU K, GAO S, ZHENG Z, et al. Spatially Confined Growth of Fullerene to Super-Long Crystalline Fibers in Supramolecular Gels for High-Performance Photodetector [J]. Advanced Materials, 2019, 31 (18): e1808254.

[209] HAWKINS J M, MEYER A, SOLOW M A. Osmylation of C_{70}: reactivity versus local curvature of the fullerene spheroid [J]. Journal of the American Chemical Society, 1993, 115 (16): 7499-7500.

[210] LIN Y, SU D S. Fabrication of Nitrogen-Modified Annealed Nanodiamond with Improved Catalytic Activity [J]. ACS Nano, 2014, 8 (8): 7823-7833.

[211] BANHART F, KOTAKOSKI J, KRASHENINNIKOV A V. Structural Defects in Graphene [J]. ACS Nano, 2011, 5 (1): 26-41.

[212] FEI H, DONG J, FENG Y, et al. General synthesis and definitive structural identification of MN_4C_4 single-atom catalysts with tunable electrocatalytic activities [J]. Nature Catalysis, 2018, 1 (1): 63-72.

[213] CHEN Y, JI S, WANG Y, et al. Isolated Single Iron Atoms Anchored on N-Doped Porous Carbon as an Efficient Electrocatalyst for the Oxygen Reduction Reaction [J]. Angewandte Chemie International Edition, 2017, 56 (24): 6937-6941.

[214] LI X, XI S, SUN L, et al. Isolated FeN_4 Sites for Efficient Electrocatalytic CO_2 Reduction [J]. Advanced Science, 2020, 7 (17): 2001545.

[215] CHEN X, HU R, BAI F. DFT Study of the Oxygen Reduction Reaction Activity on FeN_4-Patched Carbon Nanotubes: The Influence of the Diameter and Length [J]. Materials, 2017, 10 (5): 549.

[216] CALLEVALLEJO F, MARTINEZ J I, ROSSMEISL J. Density functional studies of functionalized graphitic materials with late transition metals for oxygen reduction reactions [J]. Physical Chemistry Chemical Physics, 2011, 13 (34): 15639-15643.

[217] DELLEY B. From Molecules to Solids with the $DMol^3$ Approach [J]. The Journal of Chemical Physics, 2000, 113 (18): 7756-7764.

[218] PERDEW J P, BURKE K, ERNZERHOF M. Generalized Gradient Approximation Made Simple [J]. Physical Review Letters, 1996, 77: 3865-3868.

[219] JOON K. Fuel cells—a 21st century power system [J]. Journal of Power Sources, 1998, 71 (1-2): 12-18.

[220] WINTER M, BRODD R J. What Are Batteries, Fuel Cells, and Supercapacitors? [J]. Chemical Reviews, 2004, 104 (10): 4245-4269.

[221] XIONG W, DU F, LIU Y, et al. 3-D Carbon Nanotube Structures Used as High Performance Catalyst for Oxygen Reduction Reaction [J]. Journal of the American Chemical Society, 2010, 132 (45): 15839-15841.

[222] MARKOVIC N M. Electrocatalysis: Interfacing Electrochemistry [J]. Nature Materials, 2013, 12 (2): 101-102.

[223] AN L, YAN H, CHEN X, et al. Catalytic Performance and Mechanism of N-CoTi@ CoTiO$_3$ Catalysts for Oxygen Reduction Reaction [J]. Nano Energy, 2016, 20: 134-143.

[224] SUN M, LIU H, LIU Y, et al. Graphene-Based Transition Metal Oxide Nanocomposites for the Oxygen Reduction Reaction [J]. Nanoscale, 2015, 7 (4): 1250-1269.

[225] WANG Y, ZHANG W, DENG D, et al. Two-Dimensional Materials Confining Single Atoms for Catalysis [J]. Chinese Journal of Catalysis, 2017, 38 (9): 1443-1453.

[226] ZHU C, FU S, SONG J, et al. Self-Assembled Fe-N-Doped Carbon Nanotube Aerogels with Single-Atom Catalyst Feature as High-Efficiency Oxygen Reduction Electrocatalysts [J]. Small, 2017, 13 (15): 1603407.

[227] SONG P, LUO M, LIU X, et al. Zn Single Atom Catalyst for Highly Efficient Oxygen Reduction Reaction [J]. Advanced Functional Materials, 2017, 27 (28): 1700802.

[228] ZHANG Z, SUN J, WANG F, et al. Efficient Oxygen Reduction Reaction (ORR) Catalysts Based on Single Iron Atoms Dispersed on a Hierarchically Structured Porous Carbon Framework [J]. Angewandte Chemie International Edition, 2018, 57 (29): 9038-9043.

[229] HUANG Z, GU X, CAO Q, et al. Catalytically Active Single-Atom Sites Fabricated from Silver Particles [J]. Angewandte Chemie International Edition, 2012, 51 (17): 4198-4203.

[230] CHEN S, CHEN Z N, FANG W H, et al. Ag$_{10}$Ti$_{28}$-Oxo Cluster Containing Single-Atom Silver Sites: Atomic Structure and Synergistic Electronic Properties [J]. Angewandte Chemie International Edition, 2019, 58 (32): 10932-10935.

[231] KWAK J H, HU J, MEI D, et al. Coordinatively Unsaturated Al^{3+} Centers as Binding Sites for Active Catalyst Phases of Platinum on γ-Al$_2$O$_3$ [J]. Science, 2009, 325 (5948): 1670-1673.

[232] CHEN Z, MITCHELL S, VOROBYEVA E, et al. Stabilization of Single Metal Atoms on Graphitic Carbon Nitride [J]. Advanced Functional Materials, 2017, 27 (8): 1605785.

[233] ZHANG J, WANG Y, JIN J, et al. Efficient Visible-Light Photocatalytic Hydrogen Evolution and Enhanced Photostability of Core/Shell CdS/g-C_3N_4 Nanowires [J]. ACS Applied Materials & Interfaces, 2013, 5 (20): 10317-10324.

[234] WANG R, GU L, ZHOU J, et al. Quasi-Polymeric Metal-Organic Framework UiO-66/g-C_3N_4 Heterojunctions for Enhanced Photocatalytic Hydrogen Evolution under Visible Light Irradiation [J]. Advanced Materials Interfaces, 2015, 2 (10): 1500037.

[235] CHEN F, YANG Q, WANG Y, et al. Novel Ternary Heterojunction Photococatalyst of Ag Nanoparticles and g-C_3N_4 Nanosheets Co-Modified BiVO$_4$ for Wider Spectrum Visible-Light Photocatalytic Degradation of Refractory Pollutant [J]. Applied Catalysis B: Environmental, 2017, 205: 133-147.

[236] CUI Y, DING Z, LIU P, et al. Metal-Free Activation of H_2O_2 by g-C_3N_4 under Visible Light Irradiation for the Degradation of Organic Pollutants [J]. Physical Chemistry Chemical Physics, 2012, 14 (4): 1455-1462.

[237] ZHANG X, WANG H, WANG H, et al. Single-Layered Graphitic-C_3N_4 Quantum Dots for Two-Photon Fluorescence Imaging of Cellular Nucleus [J]. Advanced Materials, 2014, 26 (26): 4438-4443.

[238] ZHANG X, ZHENG C, GUO S, et al. Turn-On Fluorescence Sensor for Intracellular Imaging of Glutathione Using g-C_3N_4 Nanosheet-MnO$_2$ Sandwich Nanocomposite [J]. Analytical Chemistry, 2014, 86 (7): 3426-3434.

[239] LI Q, XU D, OU X, et al. Nitrogen-Doped Graphitic Porous Carbon Nanosheets Derived from In Situ Formed g-C_3N_4 Templates for the Oxygen Reduction Reaction [J]. Chemistry-An Asian Journal, 2017, 12 (14): 1816-1823.

[240] LV J, FENG W, YANG S, et al. Methanol Dissociation and Oxidation on Single Fe Atom Supported on Graphitic Carbon Nitride [J]. Applied Organometallic Chemistry, 2019, 33 (7): e4930.

[241] LI X H, ANTONIETTI M. Metal Nanoparticles at Mesoporous N-Doped Carbons and Carbon Nitrides: Functional Mott-Schottky Heterojunctions for Catalysis [J]. Chemical Society Reviews, 2013, 42 (16): 6593-6604.

[242] DONG G, ZHANG Y, PAN Q, et al. A Fantastic Graphitic Carbon Nitride (g-C_3N_4) Material: Electronic Structure, Photocatalytic and Photoelectronic Properties [J]. Journal of Photochemistry and Photobiology C: Photochemistry Reviews, 2014, 20: 33-50.

[243] LI X, BI W, ZHANG L, et al. Single-Atom Pt as Co-Catalyst for Enhanced Photocatalytic H_2 Evolution [J]. Advanced Materials, 2016, 28 (12): 2427-2431.

[244] VILé G, ALBANI D, NACHTEGAAL M, et al. A Stable Single-Site Palladium Catalyst for Hydrogenations [J]. Angewandte Chemie International Edition, 2015, 54 (38): 11265-11269.

[245] WANG X, CHEN X, THOMAS A, et al. Metal-Containing Carbon Nitride Compounds: A New Functional Organic-Metal Hybrid Material [J]. Advanced Materials, 2009, 21: 1609-1612.

[246] KROKE E, SCHWARZ M, HORATH-BORDON E, et al. Tri-S-Triazine Derivatives. Part I. From Trichloro-Tri-S-Triazine to Graphitic C_3N_4 Structures [J]. New Journal of Chemistry, 2002, 26 (5): 508-512.

[247] AZOFRA L M, MACFARLANE D R, SUN C. A DFT Study of Planar vs. Corrugated Graphene-Like Carbon Nitride (g-C_3N_4) and Its Role in the Catalytic Performance of CO_2 Conversion [J]. Physical Chemistry Chemical Physics, 2016, 18 (27): 18507-18514.

[248] XIAO B B, JIANG X B, JIANG Q. Density Functional Theory Study of Oxygen Reduction Reaction on Pt/Pd_3Al (111) Alloy Electrocatalyst [J]. Physical Chemistry Chemical Physics, 2016, 18 (21): 14234-14243.